インプレスR&D [NextPublishing]

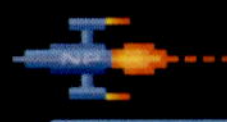

技術の泉 SERIES

E-Book / Print Book

Elastic Stackで作るBI環境

バージョン7.4対応改訂版

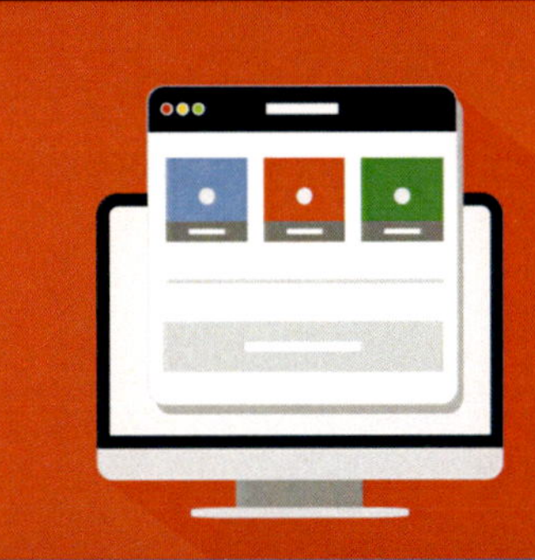

誰でもできるデータ分析入門

石井 葵 著

ログや様々な情報をサクッと分析！
BI環境Elastic Stack
バージョン7系対応改訂版！

目次

はじめに

「もふもふちゃん、最近いちごメロンパンの通販を受け付けるWebサイトの調子が悪いんだ。サーバーのスペックを上げた方が良いのかどうかわからないから、1週間分のCPU使用率やメモリの使用率とかが知りたいな。」
ある日、いちごメロンパンを売っている会社で働くもふもふちゃんは、上司の人からいきなりこんなことを言われました。
CPU使用率やメモリの使用率はLinuxコマンドで調べることができます。しかし、過去の履歴を閲覧するためにはそれぞれの使用率を調べるコマンドの結果をテキストに出力し、解析しなければなりません。
……数日後、もふもふちゃんは1週間分のCPU使用率・メモリ使用率などを調査し、表計算ソフトを使って結果をまとめました。ファイルの読みすぎで頭はくらくら、目はチカチカします。結果を上司に提出すると、OKをもらえたので安心したもふもふちゃんですが、今度はこんな頼まれごとをされてしまいました。
「もふもふちゃん、そういえばいちごメロンパンの売り上げがどのくらいあるのか知りたいな。」
詳しく聞くと、どうやら上司はいちごメロンパンの売り上げの平均が知りたいようです。売り上げデータは毎日追加されるため、その推移をグラフ化したいようでした。
「そんなー！データが追加されたら毎回1から計算し直しだよ！もう徹夜したくないよー！」
もふもふちゃんはすっかり困り果ててしまいました。

最近、「サービスの売り上げを伸ばすため」「自分の作った作品を宣伝するため」「アクセスしてくるユーザーに対してダイレクトなマーケティング戦略を練るため」「アクセス数の推移を研究することでより買ってもらえる商品を生み出すため」などさまざまな目的で、インターネット上にある情報や、自前のWebサイトへのアクセス履歴を分析する必要が増えています。

しかし、ログの履歴をただ追いかけることは簡単ではありません。ログ内の必要な情報を分析するだけであればまだ良いでしょう。しかし、もふもふちゃんのようにグラフなどで可視化する場合、ログの「見える化」作業が発生します。ログを「見える化」するために、必要な情報を自力で抜き出してまとめる作業は大変です。

「必要なログだけ収集して、ログの出力時刻とかで好きにグラフを作れたら楽なのにな…」

……実はできるんです。そう、Elastic Stackがあれば！

Elastic StackはオランダのElasticsearch社が提供しているツールです。日本では、Elastic StackのひとつであるElasticsearchが検索エンジンとして有名です。Elastic Stackは、複数のプロダクトを組み合わせ、BIツールとして利用できます。ここでいう「BIツール」とは、企業や世の中にある色々な情報を集めて可視化し、分析することを支援するツールのことを指しています。

Elastic Stackは一度設定が完了すればログの収集・可視化を自動で行います。ログの内容が更新されると自動でデータを収集するため、可視化ツールの情報は常に最新化されます。今のもふもふちゃんにはぴったりなツールと言えるでしょう。

「ちょっとこのElastic Stackってやつ、自分の環境に入れてみようかな」

みなさんも、もふもふちゃんと一緒に快適なログ解析を始めてみませんか？今まではデバックするとき以外ゴミ同然に扱われていたログファイルを、Elastic Stackの力で宝の山に変えることができるかもしれません。

おことわり

この本で取り扱っている各ツールのバージョンはElasticsearch、Logstash、Kibana共に「7.4」を使用しています。Elastic Stackはバージョンアップがとても早いツールです。バージョンによって挙動がかなり違うため、別バージョンを使用した場合とコンフィグファイルの書き方や操作方法が異なる場合があります。あらかじめご了承ください。

なお、この本はログの分析方法をメインに扱う本です。そのため検索エンジンとしてのElasticsearchのスキーマ設計など、性能チューニング系のトピックは詳しく取り上げません。加えて、Elastic Stackの有償ツールの操作方法については取り上げません。この本は初めてElastic Stackに触れる人がツールの概要を理解することを手助けする目的で書いているためです。

版の改訂にあたり、Kibanaのスクリーンショットを全て撮り直しました。このときの動作環境はMac OS Catalinaを利用しています。環境構築以外の章はMac OS（tar.gz）でインストールした場合のコマンドを使用しています。Elastic Stackを試してみることを目的にしているためです。

この本の情報はElasticsearch社の公式ドキュメント・検証結果を元に作成していますが、本の情報を用いた開発・制作・運用に対して発生した全ての結果に対して責任は負いません。必ずご自身の環境でよく検証してから導入をお願いします。

また、本文で使用しているいちごメロンパンのデータはhttps://docs.google.com/spreadsheets/d/1TEFwyHisPZdqYwBIbVbmBXpVIG6KYZFIomFxT8f31nk/edit?usp=sharingに保存しています。必要に応じて使用してください。

Elasticsearch社の公式URLhttps://www.elastic.co/guide/index.html

第1章　Elastic Stackって何？

「Elastic StackはElasticsearch社が提供しているツールだっていうのはわかったけど、どれを使えばいいのかな？公式サイトを見るといっぱい種類があるみたいだけど…。」
おや？もふもふちゃん、なんだかお困りのようです。それもそうですね。Elastic Stackにはたくさんのミドルウェアが存在しますが、データを分析するためにどのツールを利用するべきなのかわかりません。この章ではElastic Stackとは何か、どのような用途でツールを使い分けるのか確認しましょう。

1.1　Logstash

Logstashは各環境に散らばっているデータを集め、指定した対象に連携できるツールです。データの連携だけではなく、データの加工機能も持ち合わせています。

Logstashは主にRuby言語を用いて開発されていますが、RubyからJavaに開発言語を移行しつつあります。

どのようなデータが取り込みできるかですが、データの出力形式としてテキストファイル、xmlやjsonファイルも対象として指定できます。このほかにもTwitter APIと連携してTwitterのつぶやき情報を取り込む事や、データベース（RDB）に接続して情報を取得する事も可能です。

データの出力先は、このあと出てくるElasticsearchだけでなく、プロジェクトの進捗状況管理ツールであるRedmineにも送信できます。取り込んだ情報をファイルに出力することや、syslogとして転送することも可能です。利用方法によってはデータ解析以上の威力を発揮するツールだと言えます。

1.2　Elasticsearch

Elasticsearchは、Javaで作られている分散処理型の検索エンジンです。クラスタ構成を組むことができるのが特徴で、大規模な環境で検索エンジンとして利用されることがあります。GitHubのリポジトリ検索や、Dockerのコンテナ検索、Facebook上での検索などの機能はElasticsearchを利用して作成されています。

クラスタとは、物理的には複数存在しているにも関わらず、論理的にはひとつとして見せることができる技術です。処理の負荷分散が可能なため、高い性能を求められる環境で多く選択されています。

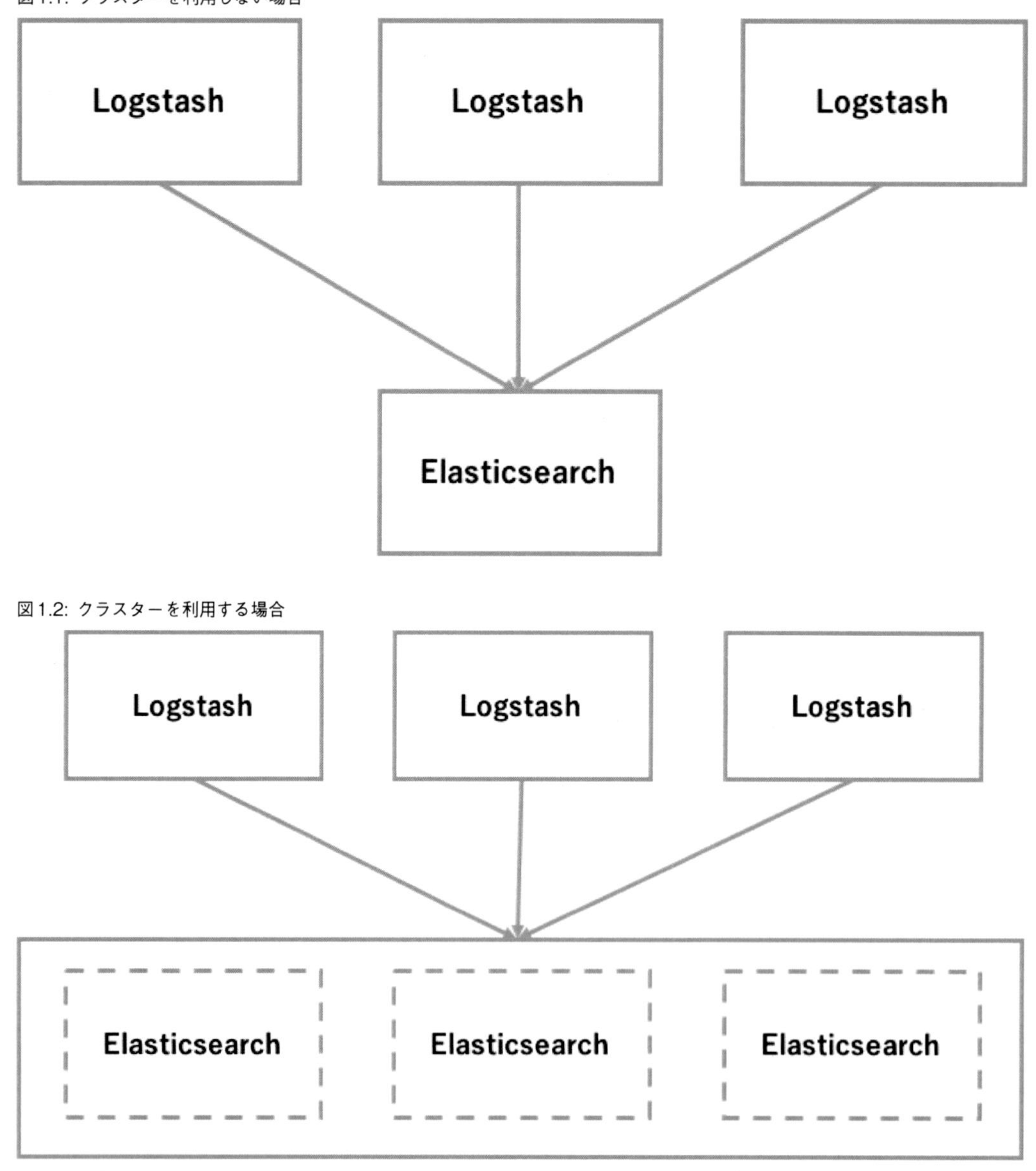

図1.1: クラスターを利用しない場合

図1.2: クラスターを利用する場合

バージョン6.3から、新しくSQLを用いた検索に対応する機能が追加されました。以前はJSON形式でクエリを記述していましたが、学習コストがかかることが難点でした。しかし、SQLを用いたSelect文は認知度が高いため、普段Elasticsearchに触れる機会が少ないエンジニアでも検索ができるようになります。これに対応して、KibanaからElasticsearchへクエリを発行することが可能となりました。

注意するべきこととして、SQLは基本的にSelect文だけが利用できます。Delete・Insert文など、データを操作するクエリは利用できません。合わせて、JDBCドライバ経由でのSQL操作はサブスクリプションの購入が必要です。詳しいライセンスは公式ホームページのElasticsearch・管理とツール（https://www.elastic.co/jp/subscriptions）を確認してください。

1.3　Kibana

Kibanaは、Elasticsearchに貯めた情報を整形・可視化するツールです。KibanaはJavaScriptで開発されており、Node.js上で実行されています。Google Chrome等のブラウザーからKibanaで設定したURLにアクセスすることで、データ情報を表示できます。

Kibanaは知りたい情報の件数だけでなく、折れ線グラフ・棒グラフ・円グラフを用いてデータの詳細な情報を解析し、色分けして表示することが可能です。グラフの大きさを決める際にコンフィグファイルなどを編集する必要がなく、ブラウザー上での操作で全て完結する仕組みとなっています。また、情報をリアルタイムで閲覧できるため、サーバーのリソース情報をKibanaで常に監視するという使い方もできます。

1.4　Beats

BeatsはOSにインストールすることで、機器のデータをElasticsearchやLogstashに転送する簡易的なデータ収集ツールです。

ネットワークのパケット情報・Windowsのイベントデータ・死活監視の情報などを収集可能なため、Logstashでカバーできないような情報を集めることができます。

例えばMetricbeatを使用することで、CPU使用率やメモリ使用率などサーバー情報を自動で収集し、Kibanaで可視化できるようになります。また、センサーデータなどもBeatsを用いて収集できるため、IoT分野でのデータ分析もElastic Stackを用いて行えます。

さらにBeatsには、特定のデータであればその収集・Elasticsearchへのデータ連携・Kibanaでの情報分析用グラフの描画までを自動で行うModulesという機能も存在します。

1.5　Elastic Licenseで使用できる機能

Elastic Stackの中にはElasticsearchやKibanaの機能を補完するツール群を`Elastic License`を適用して配布しているものがあります（https://github.com/elastic/elasticsearch/blob/7.4/licenses/ELASTIC-LICENSE.txt）。

Elastic Stackの各アプリケーションや機能はApache LicenseとElastic Licenseの2つが適用されています。Apache Licenseが適用されている機能であれば自由に利用できます。

ただし、Elastic Licenseで提供されている機能は、Elastic Stackのサブスクリプション契約を行わないと利用できません。Elastic Licenseで提供されている機能のソースコードを参照することは可能です。オープンソースソフトウェア（OSS）ではありませんので注意してください。

ライセンスの形態や、各ライセンスごとに利用できる機能は変化します。最新情報はElasticsearch社の公式ホームページ（https://www.elastic.co/jp/subscriptions）を参照してください。

以下にElastic Licenseで使用できる機能を簡単に紹介します。この本では詳しく扱いませんので、Elasticsearch社のホームページ（https://www.elastic.co/jp/products）を参照してください。

・KibanaやElasticsearchへのアクセス制御など、データ保護を行う（Security）
・データ情報の通知をSlackなどに送付する（Alerting）
・Elastic Stackの状態を監視する（Monitoring）
・KibanaのグラフをPDF出力するなど、報告用データを作成する（Reporting）
・Elasticsearch内のデータで、関連性の高いものを紐付ける（Graph）
・取得したデータから基準値を作成し、データの傾向を分析する（Machine Learning）
・Elastic Stack全体を監視する
・サポート窓口への相談・問い合わせ

1.6 APM

APMとはApplication Performance Monitoringの略称です。APMでは、アプリケーションのパフォーマンス計測に特化した機能を利用することができます。APMの利用方法は簡単で、アプリケーション内にエージェントを組み込むコードを記載するだけです。利用可能な言語・フレームワークはNode.js・Django・Ruby on Rails・Goなど、最近多く利用されているものが対象となっています。パフォーマンスの状態はKibanaの専用UIで監視することが可能です。Beatsと組み合わせて利用することで、Webアプリケーションに関連するプロセスの監視を、全てElastic Stackで賄うことができるかもしれません。

1.7 SIEM

バージョン7から、SIEM機能が追加されました。SIEMとは、`Security Information and Event Management`の略称で、セキュリティー情報に関連するイベントを管理するためのツールです。Elastic StackのSIEM機能では、Beats（Auditbeat）で収集したLinuxのプロセス情報や、ネットワークのトラフィック情報を分析できます。

Elasticsearchに収集したデータを元にセキュリティー分析を行うため、一度Elastic Stackでデータを収集する環境ができてしまえば新しくツールを導入すつ必要はありません。また、データの収集方法はBeatsやLogstashを使って行います。専用ツールの操作方法を習得する必要はありません。

SIEM機能はElastic LicenseのBasic以上を適用すると使用できます。詳しくはElasticsearch社の公式ホームページhttps://www.elastic.co/jp/products/siemを参照してください。

1.8 Elastic Cloud

Elastic CloudはElasticsearch社が提供するクラウド環境です。Elasticsearchの中に大量のデータを保存する場合など、高性能の基盤を準備する必要がある場合に利用すると良いでしょう。Elasticsearchのクラスターを組むことも簡単にできます。ただしこちらも有償となりますので、この本では詳しく取り扱いません。詳細はElasticsearch社のホームページ（https://www.elastic.co/jp/cloud）を参照してください。

1.9　この本における基本的な構成

この本ではデータを収集するLogstashまたはBeats、データを貯めておくElasticsearch、データを閲覧するKibanaを基本構成として使用します。

第2章　環境構築

> 「よーし、Elastic Stackがどんなものかだいたい理解できたから、インストールしてみよ！……あれ、なんかインストール方法もいっぱいあるみたい。どれを選べばいいのかな？」
> もふもふちゃん、インストールで詰まってしまったようです。公式サイトからダウンロードでzipファイルを落としてくることができますが、他のやり方もあるようです。状況に合っている一番いいやり方を選択したいですよね。どのようなインストール方法があるか、一緒に見てみましょう。この章では各OSごとのインストール方法を紹介していますので、自分の環境の箇所を参照して下さい。

2.1　インストールの順番

インストールの前に、どのツールからインストールするか決めておきましょう。データの流れを考えると、Elasticsearch→Kibana→Logstash（Beats）の順にインストールすることをおすすめします（公式ドキュメント：https://www.elastic.co/guide/en/elastic-stack-get-started/current/get-started-elastic-stack.html）。

LogstashやBeatsで取得したデータをElasticsearchに連携するため、先にElasticsearchが起動していないと正しく動作しません。また、BeatsにはKibanaのDashboard（Kibanaのグラフを1画面に集めて表示する機能）を自動で作成する機能があります。この機能を使うためにはKibanaが動作していなければなりません。

よって、この本でもElasticsearch→Kibana→Logstash（Beats）の順にインストールを進めます。Beatsのインストール方法はデータを集めて可視化しよう（Beatsを使って情報を集めてみる）を参照してください。

図2.1: データ連携の流れ

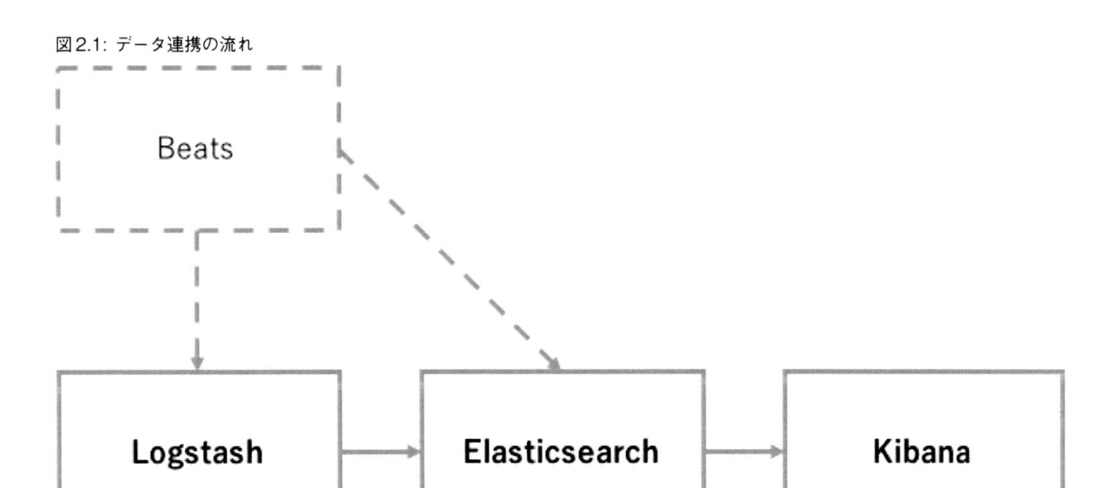

各ミドルウェアが正常に動作しているか確認するために、データの連携先→連携元→データ閲覧ツールという流れでセットアップした方が良いでしょう。

2.2 事前準備

Elasticsearch、Logstashの起動にはJava（バージョン8以上）が必要です。バージョン7から、ElasticsearchにはJavaが同梱されるようになりました。Elasticsearchのみを利用する場合、Javaのインストールは不要です。LogstashにJavaは同梱されていません。このため、Logstashを利用する場合はJavaのインストールが必要です。

この本で作成する環境はLogstashを利用するため、Javaのインストールを行います。

次に示すコマンドでJavaのインストール状態を確認して下さい。

リスト2.1: Javaのインストール状態を確認する

```
$ java -version
java version "1.8.0_131"
Java(TM) SE Runtime Environment (build 1.8.0_131-b11)
Java HotSpot(TM) 64-Bit Server VM (build 26.45-b02, mixed mode)
```

もしインストールされていない場合、リスト2.2を参考にインストールを行って下さい（Ubuntu等Debian系Linuxではインストールコマンドは別となりますので注意してください）。このとき、JavaのダウンロードはOracle社公式のリポジトリから行う必要があります。

リスト2.2: Javaのインストールコマンド例（yumコマンドを使用した場合）

```
$ sudo yum install java-1.8.0-openjdk-devel
```

Elasticsearch・Logstashと対応するJavaのバージョン表はhttps://www.elastic.co/jp/support/matrix#matrix_jvmを参照してください。

2.3 Elasticsearchのインストール

各ミドルウェアのインストール方法は複数準備されています。導入の目的とご自身の環境に合わせてベストなものを選択すると良いでしょう。

とにかく使ってみたい場合（Linux）：zipファイル・tar.gzファイル

「とにかくどんなものか試してみたい！」という場合は、zipファイルを公式サイトからダウンロードしましょう。任意のフォルダーにzipファイルを解凍するだけでインストールが完了するため、導入は簡単です。ただし、サービス起動用コマンドが付属しないため、長期的な運用を考えている場合には向かない方法です。

ちゃんと運用もしたい場合（RedHat系Linux）：rpmパッケージ

公式にElasticから提供されているrpmパッケージを利用した場合、サービス起動用コマンドが自動的に設定されます。また、各種設定ファイルやディレクトリー構造はLinuxのディレクトリー形式に合わせて構築されます。実際に運用を検討している場合、rpmパッケージを用いてインストールしましょう。ただし、RHEL5系はこのインストール方法をサポートしていないため注意が必要です。

ちゃんと運用もしたい場合（Debian系Linux）：debパッケージ

こちらもrpmパッケージを利用する方法と同様です。違いはUbuntu系のLinux用パッケージを使うか、RedHat、OpenSUSE系のLinux用パッケージを使うかだけです。

とにかく使ってみたい、かつDocker実行環境がある場合：Dockerコンテナ

Elastic StackをDocker社が利用していることもあってか、公式にElasticからDockerイメージが提供されています。手っ取り早く試してみたい場合、かつDockerコンテナの実行環境がある場合は素直にコンテナを利用した方が良いでしょう。ただし、上記の「ちゃんと運用もしたい場合」などへの移行を考えている場合、構成がかなり変わってしまいます。また、Elasticsearchはディスク性能の影響を大きく受けます。Dockerコンテナ上ではあまり性能が出ないため、大量のデータを取り扱う予定がある場合はコンテナ利用を避けるべきでしょう。

Windows上に構築する場合：zipファイル・msiファイル

Windows上にElasticsearchの環境を構築する場合、zipファイルまたはmsiファイル（専用インストーラー）を利用します。ただし、msiファイルの提供はbeta版なので注意が必要です。msiファイルを用いたインストール方法は、公式ドキュメント（https://www.elastic.co/guide/en/elasticsearch/reference/current/windows.html）に記載があります。スクリーンショットも付いているため、こちらを確認しながら進めると良いでしょう。

Mac上に構築する場合：tar.gzファイル・homebrew

Mac上にElasticsearchの環境を構築する場合、tarファイルを解凍してインストールします。Macはbrewコマンドを用いることでインストールすることも可能です。公式ドキュメント（https://www.elastic.co/guide/en/elasticsearch/reference/current/brew.html）にbrewコマンドの詳細が記載されているため、必要に応じて参照してください。

この本では、紹介した中からzipファイル・rpmパッケージ・debパッケージを用いたインストール方法を紹介します。

zipファイルを用いたインストール（Elasticsearch）

zipファイルを用いたインストール方法をとる場合、OSが違っていても基本的な手順は同じです。

zipファイルのダウンロード

Elasticsearch社の公式サイト（https://www.elastic.co/jp/downloads/elasticsearch）にアクセスし、zipファイルをダウンロードします。

作業用ディレクトリーを作成（任意）

アンインストールを簡単にするため、作業用ディレクトリーを作成すると良いでしょう。Elasticsearchの検証終了後に作業用ディレクトリーを削除すれば、不要なデータを残さず削除できます。

リスト2.3: 作業用ディレクトリーの作成

```
$ mkdir sandbox-elastic-stack
```

作成したディレクトリー内にダウンロードしたzipファイルを移動します。必要に応じてzipファイルを解凍します。

リスト2.4: zipファイルの解凍

```
# 必要であれば
$ unzip elasticsearch-7.4.0
```

これでインストール作業は終了です。

rpmパッケージを用いたインストール（Elasticsearch）

インストール用PGP鍵の入手（rpmパッケージの場合：Elasticsearch）

Elastic StackのパッケージはPGP（Pretty Good Privacy）を用いて暗号化されています。使用にはPGP鍵の入手が必要です。Elasticsearch社の公式サイトが提供する署名済みの鍵をダウンロードします。

リスト2.5: PGP鍵の入手

```
$ rpm --import https://artifacts.elastic.co/GPG-KEY-elasticsearch
```

RPMリポジトリからインストールする場合

/etc/yum.repos.dディレクトリにelasticsearch.repoを作成し、リポジトリ登録を行います。その後、yumコマンドを用いてインストールします（RedHat系Linuxの場合）。バージョン指定しない場合、最新版のElasticsearchがインストールされます。

リスト2.6: elasticsearch.repoの作成

```
# repoファイルの作成
$ sudo touch /etc/yum.repos.d/elasticsearch.repo

# repoファイルを編集する
$ sudo vi /etc/yum.repos.d/elasticsearch.repo

# 下記を記載する
[elasticsearch-7.x]
name=Elasticsearch repository for 7.x packages
baseurl=https://artifacts.elastic.co/packages/7.x/yum
gpgcheck=1
gpgkey=https://artifacts.elastic.co/GPG-KEY-elasticsearch
enabled=1
autorefresh=1
type=rpm-md
```

repoファイルの作成後、各OSのパッケージ管理コマンドでElasticsearchをインストールします。OSごとのインストールコマンド例は公式ドキュメント（https://www.elastic.co/guide/en/elasticsearch/reference/current/rpm.html）を参照してください。

リスト2.7: Elasticsearchのインストール（yumを使用する場合）

```
$ sudo yum install elasticsearch
```

RPMパッケージをダウンロードしてインストールする場合

wgetコマンドを用いてパッケージをダウンロードし、rpmコマンドでインストールを行います。明示的にバージョンを指定したい場合、rpmパッケージからインストールすると良いでしょう。

rpmパッケージの取得とインストール

リスト2.8: Elasticsearchのインストール（wgetを使用する場合）

```
# パッケージの取得
$ wget https://artifacts.elastic.co/downloads/elasticsearch/
elasticsearch-7.4.0.rpm

# 暗号鍵情報の取得
$ wget https://artifacts.elastic.co/downloads/elasticsearch/
elasticsearch-7.4.0-x86_64.rpm.sha512

# 暗号鍵情報の検証
$ shasum -a 512 -c elasticsearch-7.4.0-x86_64.rpm.sha512

# Elasticsearchのインストール
$ sudo rpm --install elasticsearch-7.4.0-x86_64.rpm
```

debパッケージを用いたインストール（Elasticsearch）

インストール用PGP鍵の入手（debパッケージの場合：Elasticsearch）

debパッケージも暗号化されています。使用にはPGP鍵の入手が必要なため、Elasticsearch社の公式サイトが提供する署名済みの鍵をダウンロードします。

リスト2.9: PGP鍵の入手

```
$ wget -qO - https://artifacts.elastic.co/GPG-KEY-elasticsearch | sudo apt-key
add -
```

APTリポジトリからインストールする場合

はじめに、Elasticsearchの動作に必要な`apt-transport-https`パッケージをインストールします。

リスト2.10: 必要パッケージのインストール

```
$ sudo apt-get install apt-transport-https
```

次にElastic Stackのaptリポジトリを`/etc/apt/sources.list.d/`に登録し、apt-getコマンドを用いてインストールします。バージョンを指定しない場合、最新版がインストールされます。

リスト2.11: リポジトリの登録

```
$ echo "deb https://artifacts.elastic.co/packages/7.x/apt stable main" | sudo tee
-a /etc/apt/sources.list.d/elastic-7.x.list
```

リスト2.12: Elasticsearchのインストール

```
$ sudo apt-get update && sudo apt-get install elasticsearch
```

debパッケージをダウンロードしてインストールする場合

wgetコマンドを用いてパッケージをダウンロードし、dpkgコマンドを用いてインストールを行います。明示的にバージョンを指定してインストールしたい場合、dpkgパッケージを利用すると良いでしょう。

リスト2.13: dpkgパッケージの取得とインストール

```
# パッケージの取得
wget https://artifacts.elastic.co/downloads/elasticsearch/
elasticsearch-7.4.0-amd64.deb

# 暗号鍵情報の取得
wget https://artifacts.elastic.co/downloads/elasticsearch/
elasticsearch-7.4.0-amd64.deb.sha512

# 暗号鍵情報の認証
shasum -a 512 -c elasticsearch-7.4.0-amd64.deb.sha512

# Elasticsearchのインストール
sudo dpkg -i elasticsearch-7.4.0-amd64.deb
```

Elasticsearch起動前の設定項目

どのインストール方法をとった場合でも、事前に設定するべき項目とElasticsearchの起動方法は同じです。

ElasticsearchのURL指定

`elasticsearch.yml`ElasticsearchにアクセスするためのURLを指定します。デフォルト値は`http://localhost:9200`に設定されています。

リスト2.14: ElasticsearchにアクセスするためのURLを設定

```
# Elasticsearchの設定ファイルを編集
$sudo vim /etc/elasticsearch/elasticsearch.yml


51 # ---------------------------------- Network -----------------------------------
52 #
53 # Set the bind address to a specific IP (IPv4 or IPv6):
54 #
```

```
55 #network.host: 192.168.0.1
   # URLを10.10.0.1に設定する場合
56 network.host: 10.10.0.1
57 # Set a custom port for HTTP:
58 #
59 #http.port: 9200
   # ポート番号をhttp：1000に設定する場合
60 http.port: 1000
61 # For more information, consult the network module documentation.
```

メモリー使用率の変更

Elasticsearchを動作させる際、Javaの最大ヒープサイズ（Xms）は物理メモリーの50%以下に設定しなければなりません。ヒープサイズが50%を超えてしまう場合、Elasticsearchプロセスは起動しません。

ヒープサイズは`jvm.options`ファイルで設定します。rpmパッケージかdebパッケージを用いてインストールした場合、`/etc/elasticsearch`ディレクトリーに配置されています。

初期ヒープサイズの設定は`-Xms`オプションで設定します。最大ヒープサイズの設定は`-Xmx`オプションで設定します。例えばサーバーの物理メモリーが4GBの場合、最大ヒープサイズは2GB以下の値に設定します。

リスト2.15: ヒープサイズの設定を変更

```
# ヒープサイズの設定ファイルを編集
$ sudo vim /etc/elasticsearch/jvm.options

# 22・23行目を変更
19 # Xms represents the initial size of total heap space
20 # Xmx represents the maximum size of total heap space
21
22 -Xms2g
23 -Xmx2g
```

メガバイトを指定する場合は`-Xms512m`と記述します。

Elasticsearchの起動

Elasticsearchの起動（zipやtar.gzファイルでインストールした場合）

binディレクトリーに配置されている起動用スクリプトを実行し、Elasticsearchを起動します。OSがWindowsの場合、Elasticsearch.batを実行します。-dオプションを利用すると、バックグラウンドで実行できます。

リスト2.16: Elasticsearchの起動コマンド

```
# 事前にElasticsearchがインストールされているディレクトリーに移動
$ cd /elasticsearchがインストールされているディレクトリー

# ただ実行する場合
$ bin/elasticsearch

# バックグラウンド実行する場合
$ bin/elasticsearch -d
```

Elasticsearchの起動（rpm・debパッケージからインストールした場合）

まず、serviceコマンドとsystemdコマンドのどちらで起動すれば良いか確かめます。check-service-commandの出力結果を参考に、サービス起動用コマンドを確認します。

リスト2.17: サービスの起動コマンドを確認する

```
$ ps -p 1
```

serviceコマンドを使用する場合、start-elasticsearch-serviceのコマンドを使ってElasticsearchサービスを起動します。

リスト2.18: Elasticsearchの起動・停止（serviceコマンド）

```
$ sudo -i service elasticsearch start | status | stop | restart
```

プロセスの自動起動・自動停止設定はsetup-auto-start-elasticsearchのコマンドを用いて行います。

リスト2.19: サーバ起動時にElasticsearchサービスが自動で立ち上がるように設定

```
$ sudo update-rc.d elasticsearch defaults 95 10
```

systemdを使用する場合、start-elasticsearch-systemdのコマンドを使ってElasticsearchサービスを起動します。

リスト2.20: Elasticsearchの起動・停止（systemd）

```
$ sudo systemctl start | status | stop | restart elasticsearch.service
```

プロセスの自動起動・自動停止設定はsetup-auto-systemd-elasticsearchのコマンドを用いて行います。

リスト2.21: サーバ起動時にElasticsearchサービスが自動で立ち上がるように設定

```
サーバ起動時にElasticsearchサービスが自動で立ち上がるように設定
$ sudo /bin/systemctl daemon-reload
$ sudo /bin/systemctl enable elasticsearch.service
```

Elasticsearchの動作確認

Elasticsearchへアクセスし、返り値があるか確認します。返り値が帰ってくれば、正常にインストールできています。

リスト2.22: Elasticsearchの動作確認（URLがlocalhost:9200の場合）

```
$ curl -XGET 'localhost:9200/?pretty'

# コンソールに出力される結果
{
  "name" : "mofunoMac-mini.local",
  "cluster_name" : "elasticsearch",
  "cluster_uuid" : "XuerQ0BBTwesnKOwWScxBQ",
  "version" : {
    "number" : "7.4.0",
    "build_flavor" : "default",
    "build_type" : "tar",
    "build_hash" : "de777fa",
    "build_date" : "2019-XX-XXT18:30:11.767338Z",
    "build_snapshot" : false,
    "lucene_version" : "8.1.0",
    "minimum_wire_compatibility_version" : "6.8.0",
    "minimum_index_compatibility_version" : "6.0.0-beta1"
  },
  "tagline" : "You Know, for Search"
}
```

もしくはWebブラウザー上でElasticsearchのURLにアクセスし、curlコマンドを打ち込んだものと同様の結果が返ってくれば正常に起動しています。

2.4 Kibanaのインストール

KibanaもElasticsearchなどと同様に、インストール方法が複数準備されています。インストール方法の種類はElasticsearch・Logstashと同様のため、紹介は省略します。KibanaもElasticsearch・Logstashとインストール方式を合わせておきましょう。

zipファイルを用いたインストール

OSごとにzipファイルが異なる以外、インストール手順に差はありません。

公式サイトからzipファイルをダウンロード（Kibana）

Elasticsearch社の公式サイト（https://www.elastic.co/jp/downloads/kibanaにアクセスし、zipファイルをダウンロードします。ElasticsearchやLogstashと違い、OSの種類によってzipファイルが異なります。環境に合わせてファイルを選択して下さい。

zipファイルの解凍（Kibana）

Elasticsearchをインストールする際に作成したディレクトリーに、ダウンロードしたzipファイルを解凍します。

リスト2.23: zipファイルの解凍コマンド例

```
# 必要であれば
$ unzip kibana-7.4.0-darwin-x86_64.tar.gz
```

rpmパッケージを用いたインストール（Kibana）

インストール用PGP鍵の入手（rpmパッケージの場合：Kibana）

Kibanaパッケージも他パッケージと同様、PGP（Pretty Good Privacy）を用いて暗号化されています。使用にはPGP鍵の入手が必要なため、Elasticsearch社の公式サイトが提供する署名された鍵をダウンロードします。Elasticsearch・Logstashと同じサーバーにインストールする場合、この手順は省略してください。

リスト2.24: PGP鍵の入手（Kibana）

```
$ rpm --import https://artifacts.elastic.co/GPG-KEY-elasticsearch
```

RPMリポジトリからインストールする場合（Kibana）

/etc/yum.repos.dディレクトリにkibana.repoを登録し、yumコマンドを用いてインストールします。バージョン指定をしない場合、最新版がインストールされます。リポジトリの追記はElasticsearch・Logstashどちらかがインストールされていれば不要です。

リスト2.25: kibana.repoの作成

```
# リポジトリファイルの作成
$ sudo touch /etc/yum.repos.d/kibana.repo
# リポジトリファイルの編集
$ sudo vim /etc/yum.repos.d/kibana.repo

# 下記を追記
```

```
[kibana-7.x]
name=Kibana repository for 7.x packages
baseurl=https://artifacts.elastic.co/packages/7.x/yum
gpgcheck=1
gpgkey=https://artifacts.elastic.co/GPG-KEY-elasticsearch
enabled=1
autorefresh=1
type=rpm-md
```

リスト2.26: Kibanaのインストール

```
$ sudo yum install kibana
```

rpmパッケージをダウンロードしてインストールする場合（Kibana）

wgetコマンドを用いてパッケージをダウンロードし、rpmコマンドでインストールを行います。明示的にバージョン指定したい場合、rpmパッケージからインストールすると良いでしょう。サーバーが32bitの場合と64bitの場合ではrpmパッケージが別となっているため、注意して下さい。

リスト2.27: rpmパッケージからKibanaをインストール

```
# Kibanaのダウンロード
$ wget https://artifacts.elastic.co/downloads/kibana/kibana-7.4.0-x86_64.rpm

# パッケージの完全性を検証し、Kibanaをインストール
$ sha1sum kibana-7.4.0-x86_64.rpm
$ sudo rpm --install kibana-7.4.0-x86_64.rpm
```

debパッケージを用いたインストール（Kibana）

インストール用PGP鍵の入手（debパッケージの場合：Kibana）

debパッケージもElasticsearchなどと同様にPGPを用いて暗号化されています。使用にはPGP鍵の入手が必要なため、Elasticsearch社の公式サイトが提供する公開されている署名された鍵をダウンロードします。同じサーバーにElasticsearch・Logstashをインストールしている場合、この手順は不要です。

リスト2.28: PGP鍵の入手

```
$ wget -qO - https://artifacts.elastic.co/GPG-KEY-elasticsearch | sudo apt-key
add -
```

必要パッケージのインストール（Kibana）

Kibanaを起動するためにapt-transport-httpsパッケージをインストールする必要があります。こちらもPGP鍵の登録と同様に、ElasticsearchかLogstashが既にインストールしている場合手順を省略できます。

リスト2.29: apt-transport-httpsパッケージのインストール

```
$ sudo apt-get install apt-transport-https
```

APTリポジトリからインストールする場合（Kibana）

`/etc/apt/sources.list.d`にElastic Stack用のリポジトリを登録し、apt-getコマンドを用いてインストールします。バージョン指定しない場合、最新版がインストールされます。既にリポジトリ登録されている場合、リポジトリの登録は不要です。

リスト2.30: リポジトリの登録

```
$ echo "deb https://artifacts.elastic.co/packages/7.x/apt stable main" | sudo tee
-a /etc/apt/sources.list.d/elastic-7.x.list
```

リスト2.31: Kibanaのインストール

```
$ sudo apt-get update && sudo apt-get install kibana
```

debパッケージをダウンロードしてインストールする場合（Kibana）

wgetコマンドを用いてdebパッケージをダウンロードし、dpkgコマンドでインストールを行います。明示的にバージョン指定したい場合、debパッケージからインストールすると良いでしょう。

リスト2.32: Kibanaのインストール

```
# Kibanaのダウンロード
wget https://artifacts.elastic.co/downloads/kibana/kibana-7.4.0-amd64.deb
# パッケージの整合性を確認し、インストール
shasum -a 512 kibana-7.4.0-amd64.deb
sudo dpkg -i kibana-7.4.0-amd64.deb
```

Kibana起動前の設定項目

kibana.ymlの編集

前にも述べた通り、KibanaはElasticsearchからデータを取得するためElasticsearchのURLを指

定する必要があります。URLの指定は`kibana.yml`から行います。kibana.ymlのパスはインストール方法によって異なりますが、rpm・debパッケージからインストールした場合は`/etc/kibana`ディレクトリーに配置されています。

リスト2.33: kibana.ymlにElasticsearchのURLを記載

```
# Kibanaの設定ファイルを編集
$ sudo vim /etc/kibana/kibana.yml

# 28行目の下にURLを追記（ElasticsearchのURLが10.0.0.100:9200の場合）
24 # The Kibana server's name.  This is used for display purposes.
25 #server.name: "your-hostname"
26
27 # The URL of the Elasticsearch instance to use for all your queries.
28 #elasticsearch.url: "http://localhost:9200"
   # ElasticsearchのURLがhttp://10.0.0.1の場合
29 elasticsearch.url: "http://10.0.0.100:9200"
```

また、KibanaのURLはデフォルトで「http://localhost:5601」となっています。こちらを変更したい場合、kibana.ymlの7行目を指定します。

リスト2.34: kibana.ymlでKibanaのURLを指定（URLを10.0.0.1に変更する場合）

```
# Kibanaの設定ファイルを編集
$ sudo vim /etc/kibana/kibana.yml

1 # Kibana is served by a back end server. This setting specifies the port to
use.
2 #server.port: 5601
  # ポート番号を2000に変更する場合
3 server.port: 2000

  # 省略
        # KibanaのURLがhttp://10.0.0.1の場合
7 #server.host: "localhost"
8 server.host: "10.0.0.1"
```

Kibanaの起動

zipファイルを使ってインストールした場合（Kibana）

zipファイルを使ってインストールを行なった場合、binフォルダー下にあるkibanaスクリプトから起動します。Kibanaを起動する前にElasticsearchを起動してください。Windowsはkibana.batから起動します。

リスト2.35: Kibanaの起動（zipファイル）

```
# 事前にKibanaのインストールディレクトリーに移動

$ ./bin/kibana
```

rpm・debパッケージからインススストールした場合、serviceコマンドかsystemctlコマンドから起動します。コマンドの判別方法はリスト2.17を参照してください。

リスト2.36: Kibanaサービスの起動（serviceコマンド）

```
$ sudo -i service kibana start | stop | status |restart
```

リスト2.37: Kibanaの自動起動設定（serviceコマンド）

```
$ sudo update-rc.d kibana defaults 95 10
```

systemdを利用する場合、systemctlコマンドを利用して起動します。

リスト2.38: Kibanaサービスの起動（systemd）

```
$ sudo systemctl start | stop | status |restart kibana.service
```

リスト2.39: Kibanaの自動起動設定（systemd）

```
$ sudo /bin/systemctl daemon-reload
$ sudo /bin/systemctl enable kibana.service
```

動作確認起動後、ブラウザーにhttp://localhost:5601（kibana.ymlでURLを編集している場合はそのURL）と入力します。Kibanaの画面が閲覧できればインストールは完了です。

2.5 Logstashのインストール

LogstashもElasticsearchと同様、インストール方式を選択することが可能です。ディレクトリー構造やサービス起動コマンドを統一した方が管理しやすいため、Elasticsearchと同じインストール方法を取るようにしましょう。

とにかく使ってみたい場合（Linux）：zipファイル・tar.gzファイル（Logstash）

こちらもElasticsearchと同様、zipファイルを展開するだけでインストールが終了します。サービス起動用コマンドは付属しません。

ちゃんと運用もしたい場合（RedHat系Linux）：rpmパッケージ（Logstash）

こちらもサービス起動用コマンドの存在や、ディレクトリー構成が自動で割り当てられる点などもElasticsearchと同様です。

ちゃんと運用もしたい場合（Debian系Linux）：debパッケージ（Logstash）

こちらもLinux種別によって使うパッケージが違うだけ、という点でElasticsearchと同様です。とにかく使ってみたい、かつDocker実行環境がある場合：DockerコンテナElasticsearchと同様、Elasticsearch社の公式サイトからDockerコンテナが提供されています。ただし、Elasticsearchとは別のコンテナのため、同時にコンテナを複数起動する必要があります。LogstashはRubyで作成されていますが、起動にJavaを必要とします。こちらもヒープメモリーもかなり消費するツールなので注意が必要です。

Windows上に構築する場合：zipファイル・msiファイル（Logstash）

Windowsの場合、インストール方法はzipファイル一択となります。Elasticsearchと違い、msiインストーラーの提供は行われていません。Mac上に構築する場合：tar.gzファイルMacの場合、Elasricsearch同様にtar.gzファイルをダウンロードします。それを解凍し、インストールを行います。公式ドキュメント（https://www.elastic.co/guide/en/elastic-stack-get-started/current/get-started-elastic-stack.html#install-logstash）にダウンロードの手順が記載されていますので、参照すると良いでしょう。

Mac上に構築する場合：tar.gzファイル・homebrew（Logstash）

Elasticsearchと同様、OSごとに使用するzipファイルが違う以外、インストール手順に差はありません。homebrewを使用する場合、公式ドキュメント（https://www.elastic.co/guide/en/logstash/current/installing-logstash.html#brew）を参照し手順を確認してください。

公式サイトからzipファイルをダウンロード（Logstash）

Elasticsearch社のhttps://www.elastic.co/jp/downloads/logstashにアクセスし、zipファイルをダウンロードします。

zipファイルの解凍

Elasticsearchをインストールする際に作成したディレクトリーに、ダウンロードしたzipファイルを解凍します。

リスト2.40: zipファイルの解凍

```
# 必要であれば
$ unzip logstash-7.4.0
```

rpmパッケージを用いたインストール（Logstash）

インストール用PGP鍵の入手（rpmパッケージの場合：Logstash）

LogstashもElasticsearchと同様にPGPにより暗号化されています。そのため公式リポジトリから公開されている署名された鍵を入手し、保存する必要があります。Elasticsearchと同じサーバーにLogstashをインストールする場合はこの手順は不要ですが、別サーバーにインストールする場合は鍵の保存を行って下さい。

リスト2.41: PGP鍵の入手（rpmパッケージを使用する場合）

```
$ rpm --import https://artifacts.elastic.co/GPG-KEY-elasticsearch
```

RPMリポジトリからインストールする場合（Logstash）

/yum/repos.d/ディレクトリにlogstash.repoを新規作成し、yumコマンド（Red Hat系Linuxの場合）を用いてインストールします。バージョンを指定しない場合、最新版がインストールされます。このインストール方法はCentOS5以下のバージョンでは動作しませんので注意して下さい。また、rpmパッケージからインストールする方法はLogstashでは公式サポートされていません。合わせて注意して下さい。

リスト2.42: /etc/yum.repos.d/logstash.repoの作成

```
# リポジトリファイルの作成
$ sudo touch /etc/yum.repos.d/logstash.repo
# リポジトリファイルの編集
$ sudo vim /etc/yum.repos.d/logstash.repo

# logstash.repoの編集
$ sudo vi /etc/yum.repos.d/logstash.repo
# 下記を記載する
[logstash-7.x]
name=Elastic repository for 7.x packages
baseurl=https://artifacts.elastic.co/packages/7.x/yum
gpgcheck=1
gpgkey=https://artifacts.elastic.co/GPG-KEY-elasticsearch
enabled=1
autorefresh=1
type=rpm-md
```

リスト2.43: Logstashのインストール

```
$ sudo yum install logstash
```

debパッケージを用いたインストール（Logstash）

PGP鍵の入手（debパッケージを使用する場合）

パッケージの暗号化を解除するため、PGP鍵を入手します。

リスト2.44: PGP鍵の入手（debパッケージを利用する場合）

```
$ wget -qO - https://artifacts.elastic.co/GPG-KEY-elasticsearch | sudo apt-key
add -
```

必要パッケージのインストール（Logstash）

Logstashを起動するためにはapt-transport-httpsパッケージが必要となります。こちらもElasticsearchと同じサーバーにLogstashをインストールする場合、既にインストールされているため手順を省略できます。

リスト2.45: apt-transport-httpsのインストール

```
$ sudo apt-get install apt-transport-https
```

APTリポジトリからインストールする場合（Logstash）

Elastic Stackのaptリポジトリを/etc/apt/sources.list.d/に登録し、apt-getコマンドを用いてインストールします。バージョンを指定しない場合、最新版がインストールされます。こちらも、既にElasticsearchをインストールしている場合、リポジトリ登録は不要です。インストールコマンドのみ実施して下さい。

リスト2.46: APTリポジトリの登録

```
$ echo "deb https://artifacts.elastic.co/packages/7.x/apt stable main" | sudo tee
-a /etc/apt/sources.list.d/elastic-7.x.list
```

リスト2.47: Logstashのインストール

```
$ sudo apt-get update && sudo apt-get install logstash
```

Logstash起動前の設定項目

動作確認用のfirst-pipeline.confを作成

この後の章で詳しく述べますが、Logstashはコンフィグファイルを読み込むことでデータの取得元などを指定します。コンフィグファイルの名前は任意の名前を指定することができます。この章ではファイル名を「first-pipeline.conf」として説明を行います。

まずは動作確認用に次のコードをコンフィグファイルへ記述します。コンフィグファイルはパッケージインストールを使用した場合/etc/logstash/conf.d/ディレクトリに作成します。

リスト2.48: first-pipeline.confの編集

```
# Logstashの設定ファイルを編集
$ vim コンフィグファイルが配置されているディレクトリ名/first-pipeline.conf
```

```
# 次の通り編集
--------------------------------------------------------
# 標準入力を受け付ける
input {
  stdin { }
}
# 標準出力を行う
output {
  stdout { codec => rubydebug }
}
```

Logstashの起動

Logstashの起動（zipやtar.gzファイルでインストールした場合）

binディレクトリーにあるlogstashスクリプトから、Logstashを起動します。OSがWindowsの場合、同階層にlogstash.batが配置されているのでそちらを起動します。`-f`オプションを使い、コンフィグファイルの名前を指定して起動する必要があります。

リスト2.49: Logstashの起動(zipファイルからインストールした場合)

```
# 事前にLogstashがインストールされているディレクトリーに移動
$ bin/logstash -f コンフィグファイル名
```

Logstashの起動（rpm・debrpm・debパッケージから）

こちらもサーバーのOSによって起動コマンドが違います。Logstashは`/etc/init.d`ディレクトリに配置されているサービス起動用スクリプトを使用するか、systemctlコマンドを使用する場合に分かれます。サービス起動用スクリプトの確認方法はリスト2.17の方法をとるか、公式ドキュメント（https://www.elastic.co/guide/en/logstash/current/running-logstash.html）を参照してください。

サービス起動スクリプトを使用する場合、リスト2.50のコマンドでLogstashサービスを起動します。rpm・debパッケージからインストールした場合でも、`start-logstash-zip`の方法でLogstashプロセスを起動できます。

リスト2.50: Logstashの起動・停止（init.dディレクトリに配置されている起動用スクリプトを使用する場合）

```
$ sudo /etc/init.d/logstash start | status | stop | restart
```

プロセスの自動起動・自動停止設定はリスト2.51のコマンドを用いて行います。

リスト2.51: サーバー起動時にElasticsearchサービスが自動で立ち上がるように設定

```
$ sudo update-rc.d elasticsearch defaults 95 10
```

systemctlコマンドを使用する場合、リスト2.52のコマンドでLogstashサービスを起動します。

リスト2.52: Logstashの起動・停止（systemdコマンド）

```
$ sudo systemctl start logstash.service
```

プロセスの自動起動・自動停止設定はリスト2.53のコマンドを用いて行います。

リスト2.53: サーバー起動時にLogstashサービスが自動で立ち上がるように設定

```
$ sudo /bin/systemctl daemon-reload
$ sudo /bin/systemctl enable logstash.service
```

Logstashの動作確認

Logstashをインストール後、プロセスが正常に起動しているか確かめるため、Logstashプロセスを起動してみましょう。リスト2.50や`setup-logstash-auto-start`の方法でLogstashプロセスを起動した場合、出力結果はログファイルに出力されます。ログファイルは`logs`ディレクトリに出力されます。公式ドキュメント（https://www.elastic.co/guide/en/logstash/current/dir-layout.html）のディレクトリ構成を合わせて参照してください。

Logstashプロセスを起動し、出力結果を確認してみましょう。Logstashプロセスが正常に起動すると、`Logstash startup completed`と出力されます。起動しない場合、`first-pipeline.conf`にタイプミスが無いか確認してください。

リスト2.54: Logstashの動作確認

```
# 事前にLogstashがインストールされているディレクトリに移動
# Logstashプロセスの起動（例）
$ bin/logstash -f コンフィグファイル名

# Logstash起動後、標準入力で"hello world"と入力
hello world

# 出力結果
{
    "@timestamp" => 2019-XX-XXT07:22:40.899Z,
      "@version" => "1",
          "host" => "hostname",
       "message" => "hello world"
}
```

Logstashプロセスの起動後、コンソールに好きな文字列を打ち込んでみましょう。文字列がコンソールに出力された場合、正しくセットアップできています。

第3章　データを集めて可視化しよう（CSVのデータを集める編）

「セットアップはできたけれど、実際に売り上げデータをElasticsearchに集めないといけないな……。でもどうやってElasticsearchにデータを集めればいいのかな？」もふもふちゃん、ついにログの収集を始めるようです。まずはTwitterのつぶやき履歴をLogstashで収集・加工しElasticsearchへ連携するところから始めましょう。

3.1　可視化するデータの準備

まずはじめに、可視化するデータの内容を確認しましょう。どのようなデータを収集するかによって、どのLogstashプラグインを利用するか判断するためです。

今回可視化する「いちごメロンパンの売り上げ情報」は、CSV形式で保存されています。取得項目を表にまとめて整理しました。ちなみに、このCSVデータはこの本のために作成したダミーデータです。

表3.1: いちごメロンパンの売り上げ情報

情報種別	購入数	単価	売上額	購入者氏名	購入者住所（郵便番号）	購入者住所（都道府県）	日付
データ型	数値	数値	文字列	文字列	文字列	文字列	日付
データ例	42,200	8400	穂積 新吉	383-2550	千葉県	2019/11/25 7:50:54	

CSVなので、ひとつのカラムに1種類の情報が格納されています。では、これをElasticsearchへ連携するためにはどうすれば良いのでしょうか？

3.2　logstash.confの概要を知る

logstash.confとは？

Logstashでデータを取得・加工・送付するために、専用のコンフィグファイルを作成します。コンフィグファイル名は`.conf`という拡張子であれば、好きな名前をつけることができます。バージョン6から複数のパイプライン（Logstashのプロセス）を起動する機能が追加されたため、複数のコンフィグを取り扱える必要があります。そのため、コンフィグファイル名を自由につけることが可能となっているのです。

この本では説明のためコンフィグファイル名を`logstash.conf`で統一します。

logstash.confの構成

logstash.confは`input`、`filter`、`output`の3つのコンフィグに分かれています。コンフィグの記載ルールは公式ドキュメント（https://www.elastic.co/guide/en/logstash/current/configuration-file-structure.html）に記載があるため、こちらも合わせて参照してください。

input

`input`は、ログをどこから取得するか指定するコンフィグです。ログの取得間隔や、Logstashサービス再開時の挙動を指定することもできます。

図3.1: inputプラグインの位置付け

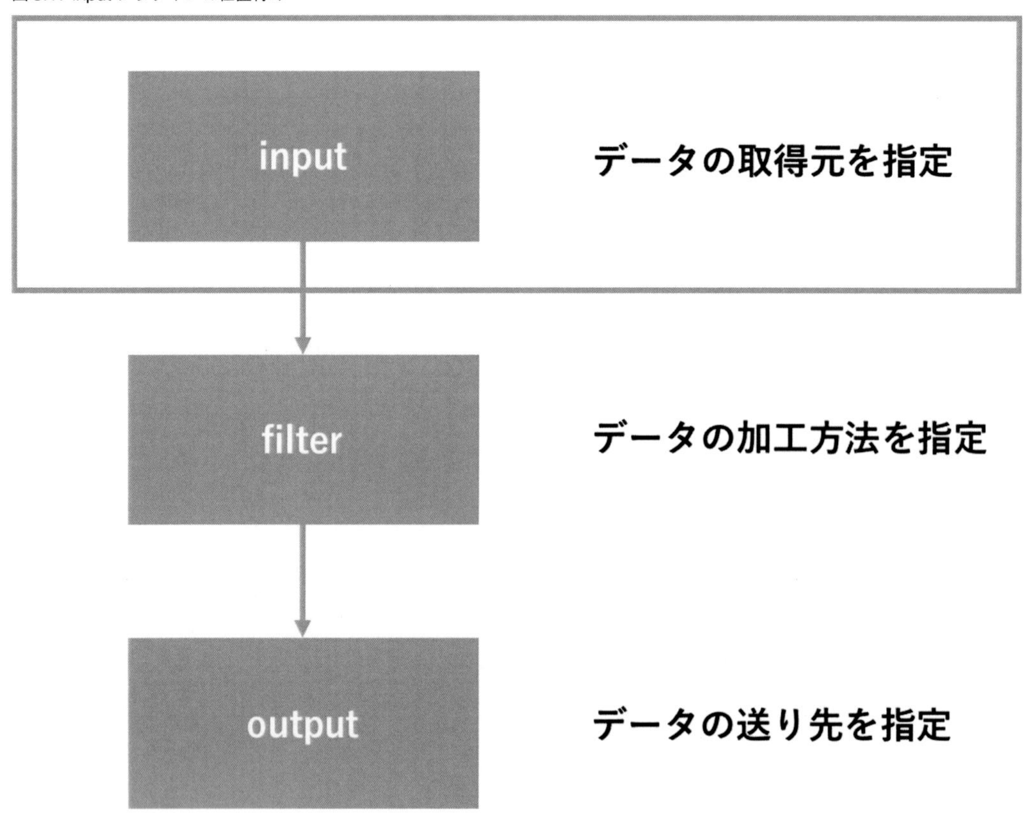

filter

`filter`は、ログをどのように加工・整形するか指定するコンフィグです。

図3.2: filterプラグインの位置付け

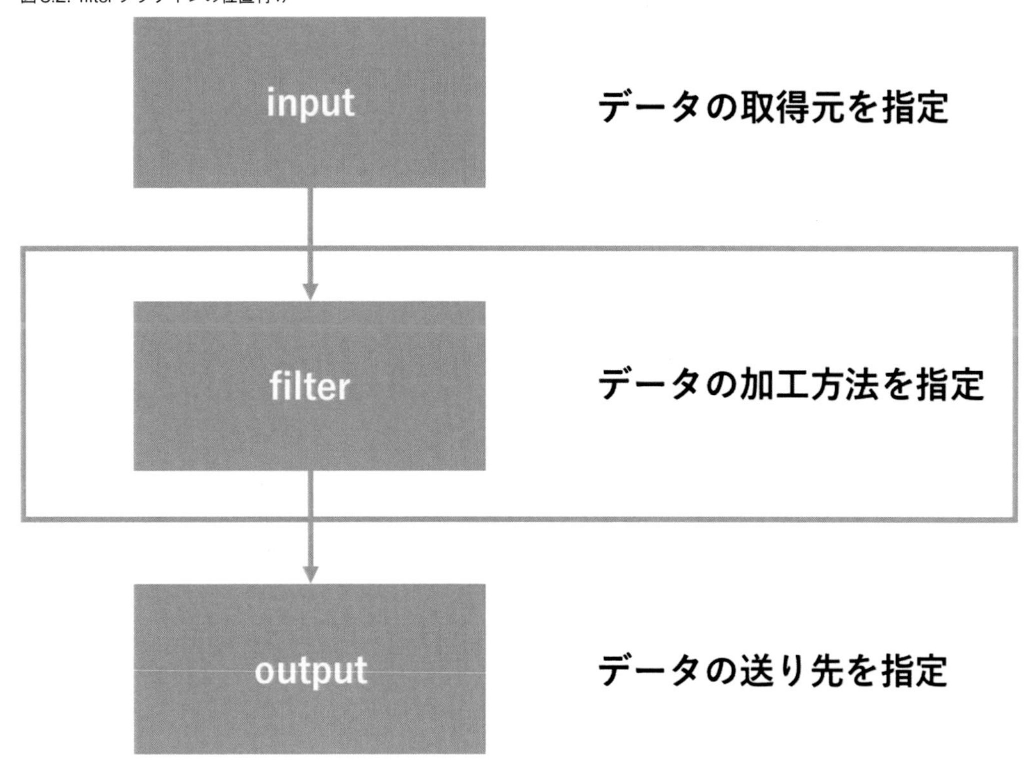

output

outputは、Logstashが取得したデータの送信先を指定するコンフィグです。データを送信する以外にも、CSVファイルなどにデータを出力することも可能です。

図3.3: outputプラグインの位置付け

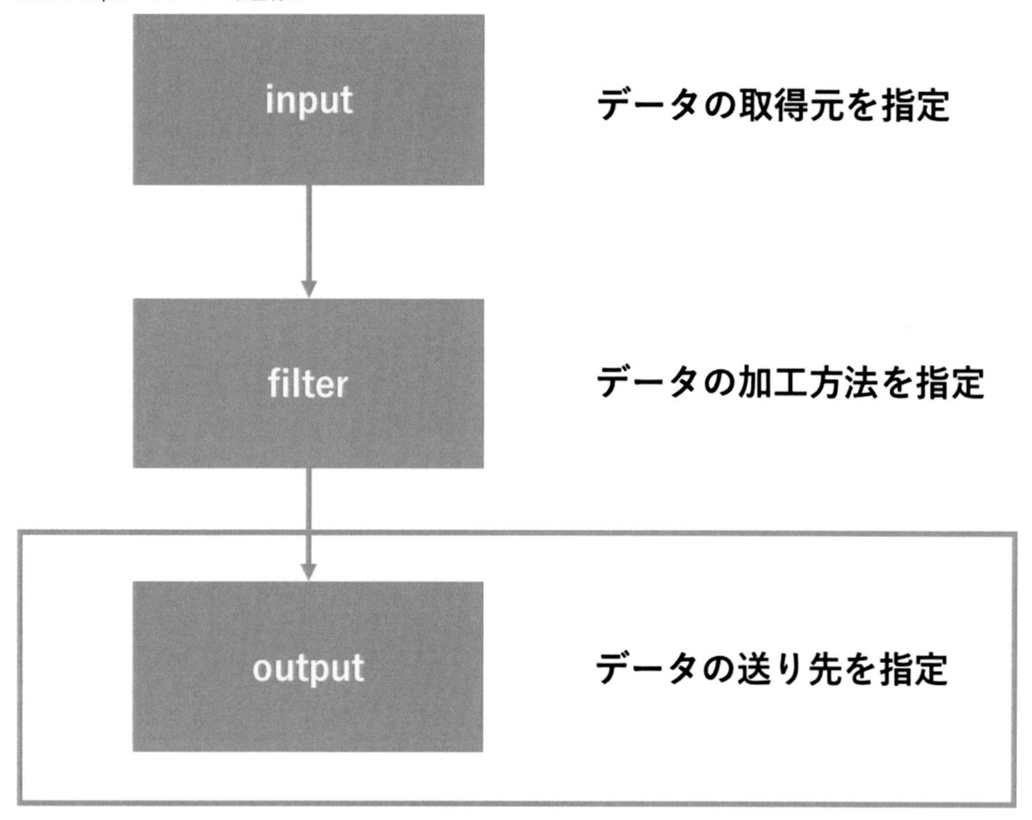

logstash.confの構成がわかったので、いよいよCSVファイルを取得するためのコンフィグファイルを作成します。

3.3 inputプラグインコンフィグの作成

ここから本格的にlogstash.confを作成していきます。logstash.confのサンプルは、インストール時に`/config`ディレクトリーに配置されています。コンフィグの変更を反映する方法は2種類あります。

1. Logstashプロセスの再起動を行う
2. Logstashの起動時に`--config.reload.automatic`オプションをつける

Logstashの起動時に`--config.reload.automatic`オプションをつけると、Logstashのコンフィグファイルが更新されたときに自動で反映されます。コンフィグファイルの設定を作成する場合、このオプションを活用すると良いでしょう。ただしこのオプションを使う場合、inputプラグインの`stdin`は使用できません。

リスト3.1: コンフィグファイルの更新を自動で反映するオプションをつけてLogstashを起動する

```
$ bin/logstash -f config/logstash.conf --config.reload.automatic
```

この本ではコンフィグファイルの設定内容がどのように適用されるか把握しやすくするため、コンフィグファイルの編集ごとにプロセスの再起動を行います。

まずはじめに、データを取得するコンフィグを記載します。データが取得できないと、Logstashプロセスがきちんと動作しているか判別しづらいからです。

利用できるプラグインの種類はhttps://www.elastic.co/guide/en/logstash/current/input-plugins.htmlで確認できます。最新版以外のLogstashを利用する場合、URLのcurrentをバージョン番号に変更してください。

inputプラグインの基本的な構文を示します。

リスト3.2: inputプラグインの構文

```
input{
  利用するプラグイン名{
    設定を記載
  }
}
```

まずはじめに、コンソールで文字を入力する動作を受け付け、その結果をコンソールに出力するlogstash.confを記載してみましょう。簡単なコンフィグを記載し、Logstashの動作を把握することが目的です。

logstash.confにリスト3.3の内容を記載してください。logstash.confは/configディレクトリーの中に配置してください。ディレクトリー構成に関する公式ドキュメントはhttps://www.elastic.co/guide/en/logstash/current/dir-layout.htmlを参照してください。

リスト3.3: コンソールに文字を入力し、それを出力するlogstash.conf

```
# 標準入力を受け付ける
input {
  stdin { }
}
# rubydebug形式で標準出力を行う
output {
  stdout { codec => rubydebug }
}
```

stdinやstdoutなど、処理の種別によってプラグインが準備されています。このプラグインを変更すると、データの取得元などの処理内容を変化させることができます。プラグインの一覧はhttps://www.elastic.co/guide/en/logstash/current/input-plugins.htmlに記述があります。

リスト3.3を実行します。起動方法は第2章を参照してください。ただしlogstash.confの完成までは、サービスコマンド（sudo systemctl startなどのコマンド）を利用しない方が良いでしょう。コンソールにデータの取得結果が表示される状態にしておく方が、Logstashが意図通り動作しているかすぐ把握できるためです。

リスト3.4Logstashの起動例を示します。#はコメントです。実際は出力されません。

リスト3.4: コンソールに文字を入力し、出力するlogstash.confの動作例

```
$ bin/logstash -f config/logstash.conf
# 出力内容は省略

[2019-XX-XXT11:29:07,775][INFO ][logstash.agent           ] Successfully started
Logstash API endpoint {:port=>9600}
# 「aaa」と入力してみる
aaa

{
      "@version" => "1",
       "message" => "aaa",
          "host" => "mofuno-host",
    "@timestamp" => 2019-XX-XXT02:31:35.228Z
}
# 「test」と入力してみる
test
{
      "@version" => "1",
       "message" => "test",
          "host" => "mofuno-host",
    "@timestamp" => 2019-XX-XXT02:31:39.375Z
}

# Ctl + Cで停止
^C[2019-XX-XXT11:51:34,353][WARN ][logstash.runner          ] SIGINT received.
Shutting down.
```

コンソールに入力した情報がmessageコンフィグに出力されることがわかりました。inputプラグインのstdinでコンソールからの入力を受けつけ、outputプラグインのstdoutでコンソール上に結果を出力する設定をしています。stdout部分をcodec => jsonにすると、コンソール上への出力形式をJSON形式に変更できます。リスト3.5はJSON形式でコンソールに結果を出力するためのプラグイン例です。

リスト3.5: JSON形式でコンソールに結果を出力する

```
# コンソールからの入力を受け付ける
input {
  stdin { }
}
# JSON形式で結果を出力する
output {
  stdout { codec => json }
}
```

リスト3.6: JSON形式でコンソールに結果を出力するlogstash.confの動作例

```
# Logstashのプロセスを起動
$ bin/logstash -f config/logstash.conf

# 「aaa」と入力してみる
aaa
{"host":"mofuno-host","@version":"1","message":"aaa",
"@timestamp":"2019-XX-XXT02:57:11.594Z"}
```

この本では、可読性向上のためrubydebug形式で出力することにします。

pathの記載

Logstashを起動できたので、今度はCSVファイルを取得する処理を記述します。

CSVファイルを取得するためには`file`プラグインを使用します。公式ドキュメントの内容（https://www.elastic.co/guide/en/logstash/current/plugins-inputs-file.html）も合わせて参照してください。

各プラグインには必須項目があります。fileプラグインでは`path`が必須項目です。`path`では、取得したいファイルの配置ディレクトリーを指定します。

リスト3.7は`elastic_stack_sample_data_A.csv`を取得し、内容をコンソールに出力するlogstash.confです。

リスト3.7: CSVファイルを情報源として取得する

```
input {
  # ファイルを情報源として取得する
  file {
    # ファイルが配置されている絶対パスを指定する。相対パスは不可
    path => "/CSVファイルの絶対パス/elastic_stack_sample_data_A.csv"
    # 種別を分別しやすくするためタグを付与する
    tags => "CSV"
  }
```

```
}
output {
  # rubydebug形式で標準出力する
  stdout { codec => rubydebug }
}
```

pathにはファイルの絶対パスを指定します。~/elastic_stack_sample_data_A.csvのような相対パスは指定できません。tagsでは、データに付与するタグを指定します。情報の判別を簡単にするためです。

logstash.confの編集後、Logstashプロセスを起動します。

リスト3.8: CSVファイルを指定したlogstash.confの動作例

```
$ bin/logstash -f config/input-csv.conf
# 出力内容は省略
[2019-XX-XXT14:01:53,102][INFO ][logstash.agent           ] Pipelines running
{:count=>1, :running_pipelines=>[:main], :non_running_pipelines=>[]}
[2019-XX-XXT14:01:53,296][INFO ][logstash.agent           ] Successfully started
Logstash API endpoint {:port=>9600}
# 何も出力されない
```

Logstashプロセスが起動しても、データが出力されません。なぜでしょうか？

ファイルの読み込み位置を指定する

logstash.confを編集しても、Logstashの標準出力に何も出力されませんでした。デフォルトの設定では、Logstashプロセスを起動した後に更新されたファイル情報を読み取る設定になっているからです。

「ファイルをどこまで読み取ったか」の情報を、Logstashはsincedbファイルに記録しています。fileプラグインのstart_positionの設定を変更し、Logstash起動前に追加されたデータを取得できるようにします。

リスト3.9: Logsatsh起動後に追加されたデータのみ取得する設定（デフォルト）

```
start_position => "end"
```

リスト3.10: Logsatsh起動前に追加されたデータも取得する設定

```
start_position => "beginning"
```

リスト3.10の設定をlogstash.confに反映します。

リスト3.11: start_positionの設定を追加

```
input {
  # ファイルを情報源として取得する
  file {
    # ファイルが配置されている絶対パスを指定する。相対パスはダメ
    path => "ファイルの配置ディレクトリのパス/elastic_stack_sample_data_A.csv"
    # Logstash停止後に追加されたデータから取得する
    start_position => "beginning"
    # 種別を分別しやすくするためタグを付与する
    tags => "CSV"
  }
}
output {
  # rubydebug形式で標準出力する
  stdout { codec => rubydebug }
}
```

リスト3.11をlogstash.confに反映した後、Logstash起動前にsincedbファイルを削除しましょう。同じファイルを読み取った、という記録が残っているためLogstashを起動しても「データが読まれている」扱いになってしまいます。

sincedbの配置ディレクトリーはLogstashの起動時に出力されるログの中に記載されています。

リスト3.12: sincedbの配置先出力例

```
[2019-XX-XXT14:01:53,055][INFO ][logstash.inputs.file] No sincedb_path set,
generating one based on the "path" setting {:sincedb_path=>"/logstashディレク
トリー/data/plugins/inputs/file/.sincedb_475fb0fd118fc005a0505e9390935b32",
:path=>["/CSVファイルがelastic_stack_sample_data_A.csv"]}
```

sincedbを削除します。

リスト3.13: sincedbの削除コマンド例

```
rm /logstashディレクトリー/data/plugins/inputs/file/.sincedb_XX
```

リスト3.14: start_positionを指定したlogstash.confの動作例

```
$ bin/logstash -f config/input-csv.conf
出力内容は省略
[2019-XX-XXT14:13:27,148][INFO ][logstash.agent           ] Successfully started
Logstash API endpoint {:port=>9600}
/Users/mofumofu/elastic/logstash-7.3.0/vendor/bundle/jruby/2.5.0/gems/
awesome_print-1.7.0/lib/awesome_print/formatters/base_formatter.rb:31: warning:
constant ::Fixnum is deprecated
```

```
{
       "@version" => "1",
           "host" => "mofuno-host",
           "tags" => [
         [0] "CSV"
    ],
        "message" => "42,200,8400,穂積 新吉,383-2550,千葉県,2019/11/25 7:50:54\r",
                          "path" => "ファイルの配置ディレクトリのパス
/elastic_stack_sample_data_A.csv",
             "@timestamp" => 2019-XX-XXT05:13:27.231Z
}
```

特定のファイルをデータ取得元から除外する

特定のファイルをデータ取得元から除外したい場合、excludeにはファイルのパスを指定します。除外対象のファイルは正規表現を用いて指定できます。

例えば、CSVファイルをデータの取得元に設定し、かつ「201910」がファイル名に含まれているCSVファイルは除外する場合、リスト3.15のように記述します。

リスト3.15: 「201910」がファイル名に含まれているCSVファイルを除外

```
input{
  file{
    path => "/ファイルの絶対パス/*.csv"
    exclude => "201910*.csv"
  }
}
```

filterプラグイン

リスト3.11の状態でLogstashを起動すると、リスト3.16の状態でデータが出力されます。

リスト3.16: inputプラグインのみを設定した状態の出力結果

```
{
       "@version" => "1",
           "host" => "mofuno-host",
           "tags" => [
         [0] "CSV"
    ],
        "message" => "42,200,8400,穂積 新吉,383-2550,千葉県,2019/11/25 7:50:54\r",
                          "path" => "ファイルの配置ディレクトリのパス
/elastic_stack_sample_data_A.csv",
```

```
        "@timestamp" => 2019-XX-XXT05:13:27.231Z
}
```

このデータの状態では、Kibanaでいちごメロンパンの売り上げを分析することは困難です。

まず、Logstashのプロセスが起動しているホスト情報（host）は、売り上げ分析には関係がないため不要です。Kibanaでは@timestampの情報を元に時間軸を描画しますが、@timestampデフォルト設定のままだとLogstashがデータを処理した時刻が記録されます。このままだと、「いつ」いちごメロンパンの売り上げがあったのか判断できません。

加えてmessageに格納されているデータを分解しておかないと、Kibanaでグラフを描画できません。Kibanaでグラフを描画する際はmessageやtagsなど、データのキー単位で値をまとめるからです。

Kibanaでグラフを描画するために、データを加工する必要があります。そこで、filterプラグインを使用してデータを加工します。

CSV形式のデータを分割する

CSV形式のデータをカラムごとに分割したい場合、csvプラグインを使用します。必須項目は存在しません。情報は変化する可能性があるため、随時公式ドキュメント（https://www.elastic.co/guide/en/logstash/current/plugins-filters-csv.html）を参照してください。

fiilterプラグインの中にcsv{}と記載すると、CSV形式のデータを加工した状態でデータを出力できます。

リスト3.17: csvプラグインを追加したlogstash.conf

```
input {
  # ファイルを情報源として取得する
  file {
    # ファイルが配置されている絶対パスを指定する。相対パスはダメ
    path => "ファイルの配置ディレクトリのパス/elastic_stack_sample_data_A.csv"
    # データ量が多いCは取得対象から除外する
    # exclude => "ファイルの配置ディレクトリのパス/elastic_stack_sample_data_C.csv"
    # Logstash停止後に追加されたデータから取得する
    start_position => "beginning"
    # 種別を分別しやすくするためタグを付与する
    tags => "CSV"
  }
}

filter {
  # CSV用のfilterを追加
  csv {
```

```
  }
}

output {
  # rubydebug形式で標準出力する
  stdout { codec => rubydebug }
}
```

リスト3.17の状態でLogstashを起動すると、リスト3.18のような出力結果が得られます。Logstash起動前にsincedbファイルの削除を行ってください。ファイル内容に変更がないため、データの読み取りが行われません。

リスト3.18: csvプラグインを追加したlogstash.confの動作例

```
# Logstashの起動
$ bin/logstash -f config/input-csv.conf
{
          "host" => "mofuno-host",
       "column5" => "383-2550",
      "@version" => "1",
       "column6" => "千葉県",
          "tags" => [
        [0] "CSV"
    ],
      "column3" => "8400",
      "column1" => "42",
                         "path" => "ファイルの配置ディレクトリのパス
/elastic_stack_sample_data_A.csv",
        "@timestamp" => 2019-XX-XXT06:27:19.791Z,
      "column2" => "200",
      "column7" => "2019/11/25 7:50:54",
      "message" => "42,200,8400,穂積 新吉,383-2550,千葉県,2019/11/25 7:50:54\r",
      "column4" => "穂積 新吉"
}
```

データを分割できました。ここからさらに都合の良いようにデータを加工していきます。

不要な情報を削除する

いちごメロンパンの売り上げに関係ない情報は削除します。Elasticsearchに保存できるデータ量を減らし、データの保存領域を節約するためです。次のリストに削除する情報をまとめました。

- host

・path

・column4（人物名）

・column6（住所）

データを削除するためにはremove_fieldを使用します。remove_field => ["削除したいキー名"]で、削除対象を指定します。複数指定する場合、，（コロン）を使ってキーを指定します。

リスト3.19: 不要な情報を削除する処理を追加したlogstash.conf

```
input {
  # ファイルを情報源として取得する
  file {
    # ファイルが配置されている絶対パスを指定する。相対パスはダメ
    path => "ファイルの配置ディレクトリのパス/elastic_stack_sample_data_A.csv"
    # Logstash停止後に追加されたデータから取得する
    start_position => "beginning"
    # 種別を分別しやすくするためタグを付与する
    tags => "CSV"
  }
}

filter {
  # CSV用のfilterを追加
  csv {
    # 不要な情報を削除
    remove_field => [ "host", "path", "column4", "column5" ]
  }
}

output {
  # rubydebug形式で標準出力する
  stdout { codec => rubydebug }
}
```

%{field}とすると、fieldという文字列を含むデータを削除できます。公式ドキュメントhttps://www.elastic.co/guide/en/logstash/current/plugins-filters-csv.html#plugins-filters-csv-remove_fieldに、コンフィグの記載例が載っています。

リスト3.19をlogstash.confに適用し、Logstashを動作させるとリスト3.20の出力結果が得られます。

リスト3.20: 不要な情報を削除する処理を追加したlogstash.confの動作例

```
{
       "column2" => "200",
      "@version" => "1",
       "column6" => "千葉県",
    "@timestamp" => 2019-XX-XXT05:28:47.749Z,
          "tags" => [
        [0] "CSV"
    ],
       "column7" => "2019/11/25 7:50:54",
       "column1" => "42",
       "message" => "42,200,8400,穂積 新吉,383-2550,千葉県,2019/11/25 7:50:54\r",
       "column3" => "8400"
}
```

これで出力内容を絞ることができました。

@timestampにデータ内の時刻を反映する

@timestampにcolumn7の時刻情報を反映するためには、dateプラグインを適用します。dateプラグインのmatchを利用すると、指定した書式に当てはまる日付データを@timestampに反映できます。書式はmatch => [field名, 時刻フォーマット]です。

例えば、match => [column7, MMM dd yyyy HH:mm:ss]と記載すると、Aug 13 2010 00:03:44のような日付型のデータを探して@timestampに置き換えることができます。mは分（mimute）、Mは月（Month）など、同じアルファベットでも大文字か小文字で意味が異なるため注意が必要です。日付の指定方法に関する詳細は公式ドキュメント（https://www.elastic.co/guide/en/logstash/current/plugins-filters-date.html#plugins-filters-date-match）に記載があります。

リスト3.21: dateを使って日付を指定したlogstash.conf

```
input {
  # ファイルを情報源として取得する
  file {
    # ファイルが配置されている絶対パスを指定する。相対パスはダメ
    path => "ファイルの配置ディレクトリのパス/elastic_stack_sample_data_A.csv"
    # データ量が多いファイルは取得対象から除外する
    # exclude => "ファイルの配置ディレクトリのパス/elastic_stack_sample_data_C.csv"
    # Logstash停止後に追加されたデータから取得する
    start_position => "beginning"
    # 種別を分別しやすくするためタグを付与する
    tags => "CSV"
  }
```

```
}

filter {
  # CSV用のfilterを追加
  csv {
    # 不要な情報を削除
    remove_field => [ "host", "path", "column4", "column5" ]
  }
  # @timestampをCSVの日付情報に変更する
  date {
    # column7に記述されている2019/12/12 12:12:12の形式の日付情報を@timestampに変換する
    match => [ "column7", "yyyy/MM/dd HH:mm:ss" ]
                # column7は@timestampと被るため削除
    remove_field => ["column7"]

  }
}

output {
  # rubydebug形式で標準出力する
  stdout { codec => rubydebug }
}
```

@timestampへの変換処理後、column7の情報は不要となります。そこで、dateプラグインのremove_fieldを使用してcolumn7の情報を削除することにしました。logstash.confのファイルに記載した順にデータの取得・加工処理が行われます。そのため、dateで日付情報を変換した後でcolumn7の情報を削除する必要があります。リスト3.21を適用したlogstashc.confを動作させると、リスト3.22のような出力結果が得られます。

リスト3.22: dateを使って日付を指定したlogstash.confの動作例

```
{
       "column3" => "8400",
          "tags" => [
        [0] "CSV"
    ],
       "message" => "42,200,8400,穂積 新吉,383-2550,千葉県,2019/11/25 7:50:54\r",
       "column1" => "42",
       "column2" => "200",
      "@version" => "1",
       "column6" => "千葉県",
    "@timestamp" => 2019-11-24T22:50:54.000Z
```

```
}
```

column7の情報が@timestampに移動しました。

データの名前を変更して判別しやすくする

column1などの出力結果のキー名を、fieldといいます。このfieldの名前を変更し、データの種別を分かりやすくしたほうが便利です。このようにデータの内容を操作したい場合、mutateプラグインを使用します。

今回はfieldの名前を変更するため、renameを使用します。rename => { "元のfield名" => "変更後のfield名" }とすると、field名を変更できます。公式ドキュメント（https://www.elastic.co/guide/en/logstash/current/plugins-filters-mutate.html#plugins-filters-mutate-rename）にも記載例があります。

リスト3.23: field名を認識しやすくする処理を追加したlogstash.conf

```
input {
  # ファイルを情報源として取得する
  file {
    # ファイルが配置されている絶対パスを指定する。相対パスはダメ
    path => "ファイルの配置ディレクトリのパス/elastic_stack_sample_data_A.csv"
    # データ量が多いファイルは取得対象から除外する
    # exclude => "ファイルの配置ディレクトリのパス/elastic_stack_sample_data_C.csv"
    # Logstash停止後に追加されたデータから取得する
    start_position => "beginning"
    # 種別を分別しやすくするためタグを付与する
    tags => "CSV"
  }
}

filter {
  # CSV用のfilterを追加
  csv {
    # 不要な情報を削除
    remove_field => [ "host", "path", "column4", "column5" ]
  }
  # @timestampをCSVの日付情報に変更する
  date {
    # column7に記述されている2019/12/12 12:12:12の形式の日付情報を@timestampに変換する
    match => [ "column7", "yyyy/MM/dd HH:mm:ss" ]
    # column7は@timestampと被るため削除
    remove_field => ["column7"]
```

```
  }
  mutate {
    # field名を変更する
    rename => { "column1" => "sales_num" }
    rename => { "column2" => "unit_price" }
    rename => { "column3" => "total_sales" }
    rename => { "column6" => "prefectures" }
  }
}

output {
  # rubydebug形式で標準出力する
  stdout { codec => rubydebug }
}
```

field名は次のように変更することにしました。

・column1は売り上げ数なのでsales_numとする

・column2は売り上げ単価なのでunit_priceとする

・column3は売り上げ総額なのでtotal_salesとする

・column6は都道府県なのでprefecturesとする

この状態でLogstashを起動すると`rename-mutate-output`のような出力結果が得られます。

リスト3.24: field名を認識しやすくする処理を追加したlogstash.confの動作例

```
{
     "@timestamp" => 2019-11-24T22:50:54.000Z,
    "prefectures" => "千葉県",
      "sales_num" => "42",
     "unit_price" => "200",
           "tags" => [
        [0] "CSV"
    ],
        "message" => "42,200,8400,穂積 新吉,383-2550,千葉県,2019/11/25 7:50:54\r",
       "@version" => "1",
    "total_sales" => "8400"
}
```

データの型を変更する

`unit_price`や`sales_num`は本来であれば数値のデータです。しかし、リスト3.23のコンフィグの状態では取得したデータは全て文字列型としてElasticsearchに送信されます。このままではKibana

でグラフを作成するときに数値のデータを使って計算することができません。

そこで、mutateプラグインのconvertを使い、fieldのデータ型を変更します。"field名" => "変換したいデータ型"のように記述すると、指定したfieldのデータ型を変更できます。

リスト3.25: convertプラグインの記述方法

```
mutate {
        convert => {
                "field名" => "データ型"
        }
}
```

今回は小数を含まない数値のデータを取り扱いため、文字列（string）型を数値（integer）型に変更します。integerはカンマ区切りのデータを数値に変換できます。convertで扱えるデータ型の詳細は公式ドキュメント（https://www.elastic.co/guide/en/logstash/current/plugins-filters-mutate.html#plugins-filters-mutate-convert）を参照してください。

integer型に変換するfieldは次の3つです。

- sales_num（売り上げ数）
- unit_price（売り上げ単価）
- total_sales（売り上げ総額）

リスト3.23でfield名を変更しているため、convertで指定するfield名は変更後の物を指定する必要があります。リスト3.26はデータ型を変換する処理を追加したlogstash.confの記載例です。

リスト3.26: データ型を変換する処理を追加したlogstash.conf

```
input {
  # ファイルを情報源として取得する
  file {
    # ファイルが配置されている絶対パスを指定する。相対パスはダメ
    path => "ファイルの配置ディレクトリのパス/elastic_stack_sample_data_A.csv"
    # データ量が多いファイルは取得対象から除外する
    # exclude => "ファイルの配置ディレクトリのパス/elastic_stack_sample_data_C.csv"
    # Logstash停止後に追加されたデータから取得する
    start_position => "beginning"
    # 種別を分別しやすくするためタグを付与する
    tags => "CSV"
  }
}

filter {
  # CSV用のfilterを追加
  csv {
    # 不要な情報を削除
```

```
    remove_field => [ "host", "path", "column4", "column5" ]
  }
  # @timestampをCSVの日付情報に変更する
  date {
    # column7に記述されている2019/12/12 12:12:12の形式の日付情報を@timestampに変換する
    match => [ "column7", "yyyy/MM/dd HH:mm:ss" ]
    # column7は@timestampと被るため削除
    remove_field => ["column7"]
  }
  mutate {
    # field名を変更する
    rename => { "column1" => "sales_num" }
    rename => { "column2" => "unit_price" }
    rename => { "column3" => "total_sales" }
    rename => { "column6" => "prefectures" }
                # 数字データが入っているfieldのデータはinteger型に変換する
                convert => {
                        "sales_num" => "integer"
                        "unit_price" => "integer"
                        "total_sales" => "integer"
                }
  }
}

output {
  # rubydebug形式で標準出力する
  stdout { codec => rubydebug }
}
```

この状態でLogstashを起動するとconvert-mutate-outputのような出力結果が得られます。

リスト3.27: データ型を変換する処理を追加したlogstash.confの動作例

```
{
      "sales_num" => "42",
    "prefectures" => "千葉県",
       "@version" => "1",
     "@timestamp" => 2019-11-24T12:45:09.519Z,
    "total_sales" => "8400",
     "unit_price" => "200",
        "message" => "42,200,8400,穂積 新吉,383-2550,千葉県",
           "tags" => [
```

```
        [0] "CSV"
    ]
}
```

これで、データを意図した通りに加工できました。最後にElasticsearchへデータを送付します。

3.4 outputプラグインコンフィグの作成

今まで作成したlogstash.confはデータの取得結果をコンソールに表示するだけでした。Kibanaで画面を表示するためには、データをElasticsearchへ送付する必要があります。

Elasticsearchへデータを送付する

Elasticsearchにデータを送付するためには`elasticsearch`プラグインを使用します。必須項目はありませんが、Elasticsearchのホスト名を指定しない場合、`localhost:9200`にアクセスします。ElasticsearchのURLを明示的に設定するためにはhostsを利用します。`hosts => "ElasticsearchのアクセスURL"`の形式で指定します。

ElasticsearchのアクセスURLは`elasticsearch.yml`の`network.host`セクションの設定内容と合わせてください。

リスト3.28: elasticsearchプラグインの指定（ElasticsearchのURLが10.0.0.100の場合）

```
output {
    elasticsearch{
    hosts => "http://10.0.0.100:9200/"
  }
}
```

Elasticsearchはデータの持ち方がfieldに対するtextという構造になっています。textは各fieldに対応して保存されるデータのことです。これらのデータの集まりをindexといいます。fieldの集まりをドキュメントと呼び、これは1件分のデータに相当します。

そこで、この`index`名を変更し、Elasticsearchに保存した情報がいちごメロンパンのデータ群であることを分かりやすくします。デフォルトのindex名は"logstash-%{+YYYY.MM.dd\}"です。elasticsearchプラグインのindexを用いることでindex名を変更できます。

`index => "index名"`で指定できます。

リスト3.29: Elasticsearch（http://10.0.0.100:9200/）へデータを送付するlogstash.conf

```
input {
  # ファイルを情報源として取得する
  file {
    # ファイルが配置されている絶対パスを指定する。相対パスはダメ
    path => "ファイルの配置ディレクトリのパス/elastic_stack_sample_data_A.csv"
```

```
    # データ量が多いファイルは取得対象から除外する
    # exclude => "ファイルの配置ディレクトリのパス/elastic_stack_sample_data_C.csv"
    # Logstash停止後に追加されたデータから取得する
    start_position => "beginning"
    # 種別を分別しやすくするためタグを付与する
    tags => "CSV"
  }
}

filter {
  # CSV用のfilterを追加
  csv {
    # 不要な情報を削除
    remove_field => [ "host", "path", "column4", "column5" ]
  }
  # @timestampをCSVの日付情報に変更する
  date {
    # column7に記述されている2019/12/12 12:12:12の形式の日付情報を@timestampに変換する
    match => [ "column7", "yyyy/MM/dd HH:mm:ss" ]
    # column7は@timestampと被るため削除
    remove_field => ["column7"]
  }
  mutate {
    # field名を変更する
    rename => { "column1" => "sales_num" }
    rename => { "column2" => "unit_price" }
    rename => { "column3" => "total_sales" }
    rename => { "column6" => "prefectures" }
                # 数字データが入っているfieldのデータはinteger型に変換する
                convert => {
                        "sales_num" => "integer"
                        "unit_price" => "integer"
                        "total_sales" => "integer"
                }
  }
}

output {
  # rubydebug形式で標準出力する
  stdout { codec => rubydebug }
  # Elasticsearchに出力する
```

```
  elasticsearch {
                # localhost:9200にデータを送付する場合は不要
    hosts => "http://10.0.0.100:9200/"
    index => "melon-bread-sales-%{+YYYY.MM.dd}"
  }
}
```

リスト3.29をlogstash.confに記載した場合、Elasticsearchを起動した後にLogstashを起動してください。Elasticsearchにデータが送付できない場合、Logstashプロセスが停止してしまうからです。

プロセスの起動後、Elasticsearchにデータが送付されたか確認するためにはcurlコマンドを使います。ターミナルに`curl -XGET "http://ElasticsearchのURL:ポート番号/_search"`と入力してください。送信したデータ情報が出力されればデータは送信できています。

リスト3.30: http://10.0.0.100:9200/のElasticsearchにcurlコマンドを発行する

```
$ curl -XGET "http://10.0.0.100:9200/_search"
# 出力結果の例
{"took":30,"timed_out":false,"_shards":{"total":1,"successful":1,
"skipped":0,"failed":0},"hits":{"total":{"value":1,"relation":"eq"},
"max_score":1.0,"hits":[{"_index":"melon-bread-sales","_type":"_doc",
"_id":"3BorXW0Bsb-B_D-ddMQE","_score":1.0,"_source":{"tags":["CSV"],
"unit_price":"200","total_sales":"8400","@version":"1","sales_num":"42",
"@timestamp":"2019-11-24T22:50:54.000Z","prefectures":"千葉県",
"message":"42,200,8400,穂積 新吉,383-2550,千葉県,2019/11/25 7:50:54\r"}}]}}
```

無事、データが挿入されていることが分かりました。

3.5 logstash.confをテストしつつ内容を調整する

CSVファイルを意図した形に加工し、Elasticsearchに送ることができました。動作確認ができたので、最後にlogstash.confの内容を調整します。

・messageは不要なので削除
・outputから標準出力を削除
・利用ファイルをKibanaのデータセット用に変更

リスト3.31: logstash.confを調整する

```
input {
  # ファイルを情報源として取得する
  file {
    # ファイルが配置されている絶対パスを指定する。相対パスはダメ
    path => "ファイルの配置ディレクトリのパス/elastic_stack_sample_data.csv"
    # データ量が多いファイルは取得対象から除外する
```

```
    # exclude => "ファイルの配置ディレクトリのパス/elastic_stack_sample_data_C.csv"
    # Logstash停止後に追加されたデータから取得する
    start_position => "beginning"
    # 種別を分別しやすくするためタグを付与する
    tags => "CSV"
  }
}

filter {
  # CSV用のfilterを追加
  csv {
    # 不要な情報を削除
    remove_field => [ "host", "path", "column4", "column5", "message ]
  }
  # @timestampをCSVの日付情報に変更する
  date {
    # column7に記述されている2019/12/12 12:12:12の形式の日付情報を@timestampに変換する
    match => [ "column7", "yyyy/MM/dd HH:mm:ss" ]
    # column7は@timestampと被るため削除
    remove_field => ["column7"]
  }
  mutate {
    # field名を変更する
    rename => { "column1" => "sales_num" }
    rename => { "column2" => "unit_price" }
    rename => { "column3" => "total_sales" }
    rename => { "column6" => "prefectures" }
                # 数字データが入っているfieldのデータはinteger型に変換する
                convert => {
                        "sales_num" => "integer"
                        "unit_price" => "integer"
                        "total_sales" => "integer"
                }
  }
}

output {
  # Elasticsearchに出力する
  elasticsearch {
                # localhost:9200にデータを送付する場合は不要
    hosts => "http://10.0.0.100:9200/"
```

```
    index => "melon-bread-sales-%{+YYYY.MM.dd}"
  }
}
```

リスト3.31を起動するとエラーになってしまいます。原因はremove_field => ["host", "path", "column4", "column5", "message]の箇所でmessageが""で閉じられていないことです。これを自力で見つけるのは大変です。

Logstashのコマンドにはlogstash.confを検査するオプションが存在します。起動コマンドに-tオプションを付与すると、logstash.confが動作するかテストできます。

リスト3.32: logstash.confをテストする

```
bin/logstash -f config/input-csv.conf -t
[2019-XX-XXT17:19:02,789][FATAL][logstash.runner          ] The given
configuration is invalid. Reason: Expected one of #, {, ,, ] at line 24, column
17 (byte 619) after filter {
  # CSV用のfilterを追加
  csv {
    # 不要な情報を削除
    remove_field => [ "host", "path", "column4", "column5", "message ]
  }
  # @timestampをCSVの日付情報に変更する
  date {
    # column7に記述されている2019/12/12 12:12:12の形式の日付情報を@timestampに変換する
    match => [ "
[2019-XX-XXT17:19:02,795][ERROR][org.logstash.Logstash    ]
java.lang.IllegalStateException: Logstash stopped processing because of an error:
(SystemExit) exit
```

The given configuration is invalid. Reason: Expected one of #, {, ,,] at line 24, column 17 (byte 619) after filterと出力されているため、書式のエラーであることが推測できます。また、出力されるコンフィグはエラー箇所に近い部分が出力されます。ふたつの情報を組み合わせてエラー箇所を特定しましょう。

エラーがない場合リスト3.33のような出力結果が得られます。

リスト3.33: logstash.confのテストがOKの場合

```
[2019-XX-XXT17:20:43,535][INFO ][org.reflections.Reflections] Reflections took 20
ms to scan 1 urls, producing 19 keys and 39 values
Configuration OK
[2019-XX-XXT17:20:43,816][INFO ][logstash.runner          ] Using
config.test_and_exit mode. Config Validation Result: OK. Exiting Logstash
```

では、最後に完成形のlogstash.confを確認しましょう。ElasticsearchのURLはhttp://10.0.0.100:9200/を想定しています。

リスト3.34: 最終的に作成したlogstash.conf

```
input {
  # ファイルを情報源として取得する
  file {
    # ファイルが配置されている絶対パスを指定する。相対パスはダメ
    path => "ファイルの配置ディレクトリのパス/elastic_stack_sample_data.csv"
    # データ量が多いファイルは取得対象から除外する
    # exclude => "ファイルの配置ディレクトリのパス/elastic_stack_sample_data_C.csv"
    # Logstash停止後に追加されたデータから取得する
    start_position => "beginning"
    # 種別を分別しやすくするためタグを付与する
    tags => "CSV"
  }
}

filter {
  # CSV用のfilterを追加
  csv {
    # 不要な情報を削除
    remove_field => [ "host", "path", "column4", "column5", "message" ]
  }
  # @timestampをCSVの日付情報に変更する
  date {
    # column7に記述されている2019/12/12 12:12:12の形式の日付情報を@timestampに変換する
    match => [ "column7", "yyyy/MM/dd HH:mm:ss" ]
    # column7は@timestampと被るため削除
    remove_field => ["column7"]
  }
  mutate {
    # field名を変更する
    rename => { "column1" => "sales_num" }
    rename => { "column2" => "unit_price" }
    rename => { "column3" => "total_sales" }
    rename => { "column6" => "prefectures" }
                # 数字データが入っているfieldのデータはinteger型に変換する
                convert => {
                        "sales_num" => "integer"
                        "unit_price" => "integer"
```

```
                    "total_sales" => "integer"
                }
  }
}

output {
  # Elasticsearchに出力する
  elasticsearch {
                # localhost:9200にデータを送付する場合は不要
    hosts => "http://10.0.0.100:9200/"
    index => "melon-bread-sales-%{+YYYY.MM.dd}"
  }
}
```

第4章　データを集めて可視化しよう（Beatsを使って情報を集めてみる）

「とりあえずいちごメロンパンの売り上げ情報は集められたけど、各サーバーのCPU使用率やメモリの使用率の取得は大変そうだな…。」
もふもふちゃんの言う通りです。サーバーの情報をLogstashで取り込む場合、一度topコマンドなどの結果をファイル等に出力し、LogstashでElasticsearchへ送付しなければなりません。ただし、そのために新しくプログラムを作成するのは大変です。そこで、今回はBeatsの中でもサーバー情報を自動で収集しElasticsearchに送付するMetricbeatを使用することにしましょう。

4.1　Beatsのインストール

BeatsのインストールはElasticsearch・Logstash・Kibanaが正しく起動できた後に行います。インストール時にトラブルがあった場合、Beatsに問題があるのかを切り分けるのが難しくなるためです。インストール方法としては、各OS用に提供されているパッケージからインストールする方法と、リポジトリからダウンロードしてインストールする方法の2種類があります。ただし、Winlogbeatはパッケージからインストールする方法しか使うことができません。

今回はMetricbeatのインストール方法を例に挙げて紹介します。

パッケージを使ってインストールする場合（Windows以外のOS）

各OSに対応したパッケージをダウンロードし、インストールを行う点は共通です。サンプルコードではバージョン「7.4.0」を指定していますが、別バージョンをインストールする場合「7.4.0」の部分を変更してください。

リスト4.1: MacOSにインストールする場合

```
# tar.gzファイルをダウンロード
$ curl -L -O https://artifacts.elastic.co/downloads/beats/metricbeat
/metricbeat-7.4.0-darwin-x86_64.tar.gz

# （必要であれば）ダウンロードしたファイルを解凍
$ tar xzvf metricbeat-7.4.0-darwin-x86_64.tar.gz
```

リスト4.2: rpmパッケージを用いてインストールする場合

```
# rpmファイルをダウンロード
curl -L -O https://artifacts.elastic.co/downloads/beats/metricbeat
/metricbeat-7.4.0-x86_64.rpm

# rpmパッケージのインストール
sudo rpm -vi metricbeat-7.4.0-x86_64.rpm
```

リスト4.3: debパッケージを用いてインストールする場合

```
# debパッケージをダウンロード
curl -L -O https://artifacts.elastic.co/downloads/beats/metricbeat
/metricbeat-7.4.0-amd64.deb

# debパッケージのインストール
sudo dpkg -i metricbeat-7.4.0-amd64.deb
```

Windowsにインストールする場合

ダウンロードしたファイルを使用する場合

1. まず始めに、各BeatsのダウンロードURL（例：https://www.elastic.co/downloads/beats/metricbeat）からBeatsのパッケージをダウンロードします。
2. C:\Program Filesにダウンロードしたzipファイルを配置し、解凍します。
3. 解凍したディレクトリー名を`Metricbeat`に変更します。
4. 最後に、Administrator権限でPowerShellを起動し、次のコマンドを入力します。

PowerShellを使う場合

リスト4.4: PowerShellを使ってMetricbeatをインストールする場合

```
PS > cd 'C:\Program Files\Metricbeat'
PS C:\Program Files\Metricbeat> .\install-service-metricbeat.ps1
```

4.2 Metricbeatのセットアップ

Metricbeatは基本的にインストールするだけでプロセスごとのCPU使用率・メモリー使用率を収集できます。ただし、収集したデータをどこに送付するかは自分で指定する必要があります。

metricbeat.ymlの編集

Metricbeatも Logstashと同様、どこに取得したデータを送信するか決定します。コンフィグはYAML形式のファイルで、metricbeat.ymlという名称です。rpmまたはdebパッケージからインストールした場合は/etc/metricbeat/ディレクトリーに配置されています。metricbeat.ymlの設定は複数ありますが、最低限設定するべき項目は「どこに収集したデータを送付するか」の1種類のみです。

ログの送信先を指定する（output）

Metricbeatで取得したサーバー情報ををどこに送信するか指定します。Elasticsearchにそのまま送付する場合、`Elasticsearch output`セクションを編集します。Logstashで独自の情報を付け足す場合などは`Logstash output`セクションを編集します。

リスト4.5: Beatsで取得した情報をElasticsearchとLogstash（IPアドレス：10.0.0.100）に送信する設定例

```
# Beatsで取得した情報をElasticsearchに送信
87 #--------------------- Elasticsearch output ----------------
88 output.elasticsearch:
89   # Array of hosts to connect to.
90   # hosts: ["localhost:9200"]
91   hosts: ["10.0.0.100:9200"]

# Beatsで取得した情報をLogstashに送信
102 #------------------ Logstash output ------------------------
103 #output.logstash:
104   # The Logstash hosts
105   #hosts: ["localhost:5044"]
106   hosts: ["10.0.0.100:5044"]
```

metricbeat.reference.yml

`metricbeat.reference.yml`はMetricbeatの設定例が網羅されたファイルです（非推奨の物以外）。このファイルの内容を参照・必要に応じて編集し、`metricbeat.yml`にコピーするとMetricbeatの設定を簡単に進めることが可能です。

リスト4.6: metricbeat.reference.ymlの一部分

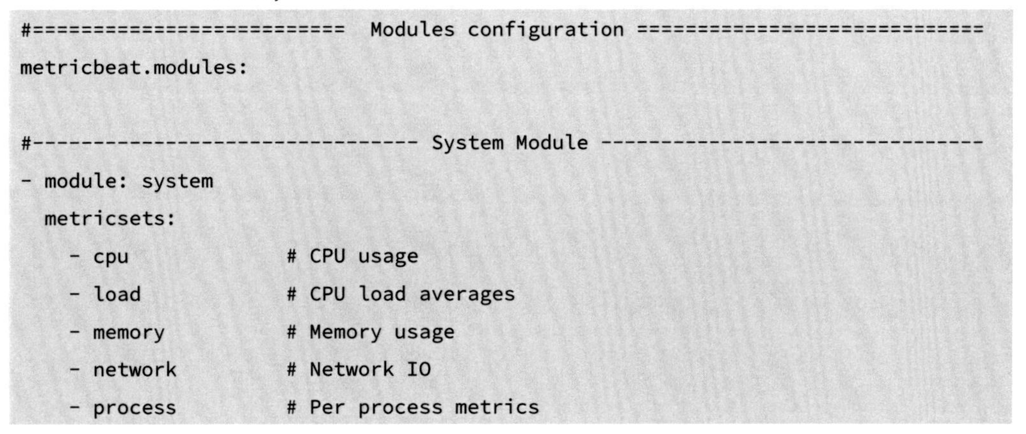

```
#==========================  Modules configuration ============================
metricbeat.modules:

#------------------------------- System Module -------------------------------
- module: system
  metricsets:
    - cpu             # CPU usage
    - load            # CPU load averages
    - memory          # Memory usage
    - network         # Network IO
    - process         # Per process metrics
```

```
    - process_summary # Process summary
    - uptime          # System Uptime
    - socket_summary  # Socket summary
    #- core           # Per CPU core usage
    #- diskio         # Disk IO
    #- filesystem     # File system usage for each mountpoint
    #- fsstat         # File system summary metrics
    #- raid           # Raid
    #- socket         # Sockets and connection info (linux only)
  enabled: true
  period: 10s
  processes: ['.*']
```

4.3 Metricbeatの起動

いよいよBeatsを起動します。事前にBeatsで取得したファイルの送信先サービスが起動しているか確認して下さい。

リスト4.7: Metricbeatの起動コマンド

```
# Metricbeat起動用をrootに変更
$ sudo chown root metricbeat.yml
$ sudo chown root modules.d/system.yml

# 起動用スクリプトを使う場合
$ sudo ./metricbeat -e
# サービスコマンドで起動する場合
$ sudo service metricbeat start
```

WindowsでMetricbeatを起動する場合

パワーシェルのコマンドプロンプトから起動コマンドを発行することで、Metricbeatを起動することができます。

リスト4.8: WindowsでBeatsを起動

```
PS C:\Program Files\Metricbeat> Start-Service metricbeat
```

これで、もふもふちゃんが取得したい情報をElasticsearchに集めることができました。次はKibanaで集めたデータを可視化しましょう。

第5章　Kibanaを使ったデータの閲覧

> 「やっとデータが取得できたー！早速Kibanaで見てみよう！…と思ったけれど、グラフはすぐ見えないのかな？画面もいくつかあるみたいだけれど、どれを使えばいいのか分からないよ！」

Webブラウザーから KibanaのURLにアクセスする前に、Kibanaを起動しているか確認してください。無事起動できていれば、Kibanaの画面が閲覧できるはずです。

図5.1: Kibanaにアクセスした状態の初期画面

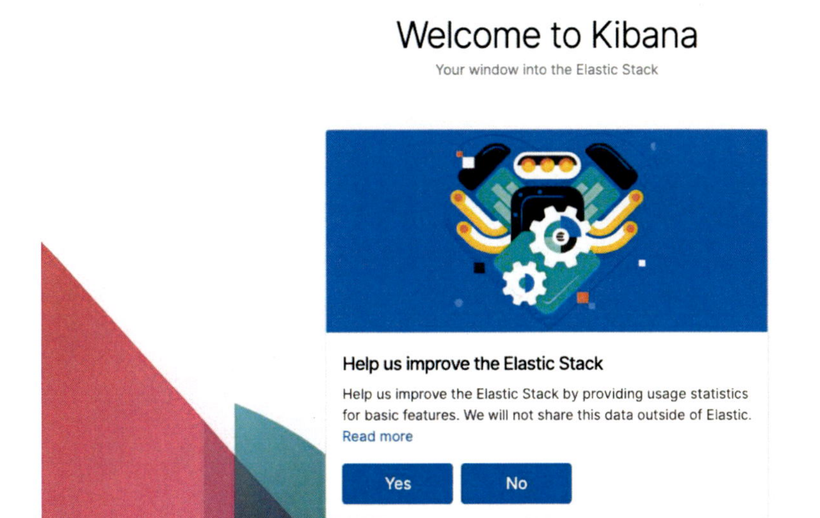

バージョン7からは、Kibanaを起動するだけでサンプルデータを閲覧することが可能となりました。図5.1の画面でYesをクリックすると、サンプルデータをインポートするか質問されます。

図 5.2: サンプルデータのセットアップをするか質問されている画面

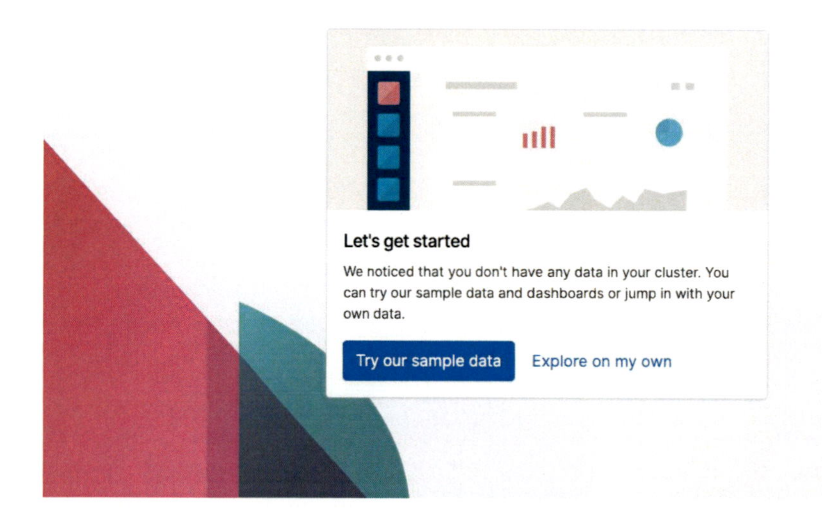

Try our sample data をクリックすると、サンプルデータ種別の選択画面が表示されます。Explore on my own をクリックすると、サンプルデータはインポートされません。

図5.3: サンプルデータ種別を選択する画面

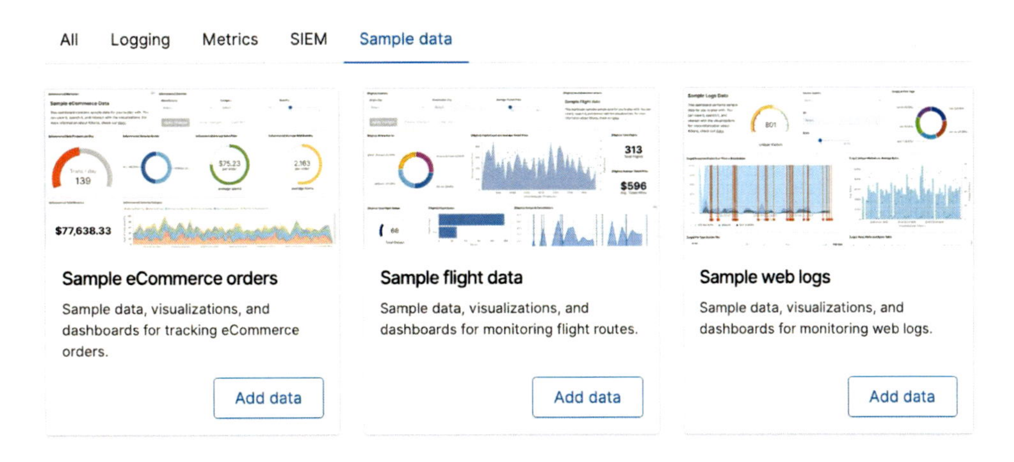

サンプルデータをインストールしたい場合Add dataをクリックします。

図5.4: Sample web logsをクリックしてデータをインストールした画面

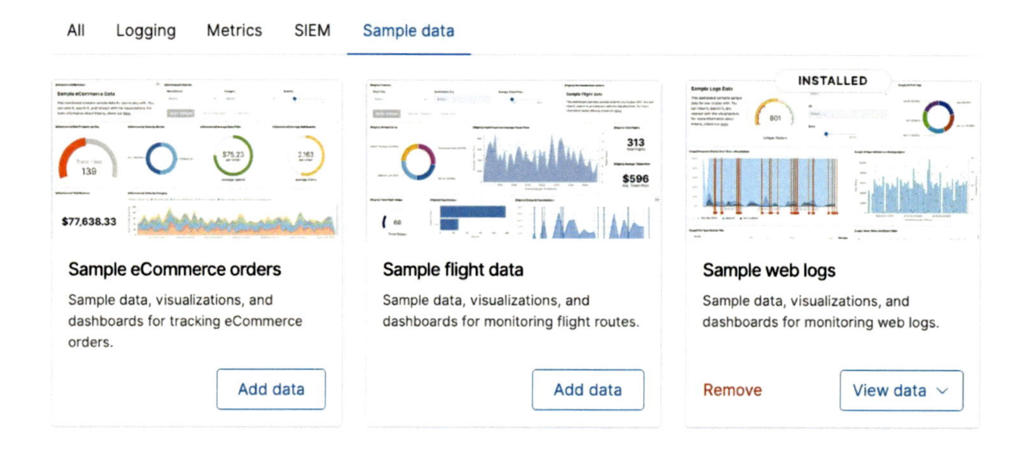

サンプルデータを使ったKibana画面を閲覧する場合、`View data`をクリックします。Dashboard・Map・Canvasの使用例を選択すると、それぞれのサンプルを閲覧できます。

設定方法がわからない場合やKibanaの機能を確認したい場合にサンプルデータを使用すると良いでしょう。

5.1 Kibanaの画面項目

Kibanaの画面項目は、バージョン7から種類が増えました。ここでは各画面の概要を説明します。項目の切り替えは、画面左側のツールバーに表示されているアイコンをクリックすることで行います。

ここでは、Kibanaの画面項目を説明します。SIEM機能はベータ版なので、この本では取り扱いません。

Discover：データの詳細を閲覧する

Discoverは、Elasticsearchのindex内に保持されているデータを閲覧できる箇所です。fieldごとに分割されたデータの詳細はもちろん、fieldごとのデータのサマリー情報やそのデータがいつ出力されたのか確認できます。

図5.5: Discover画面の例

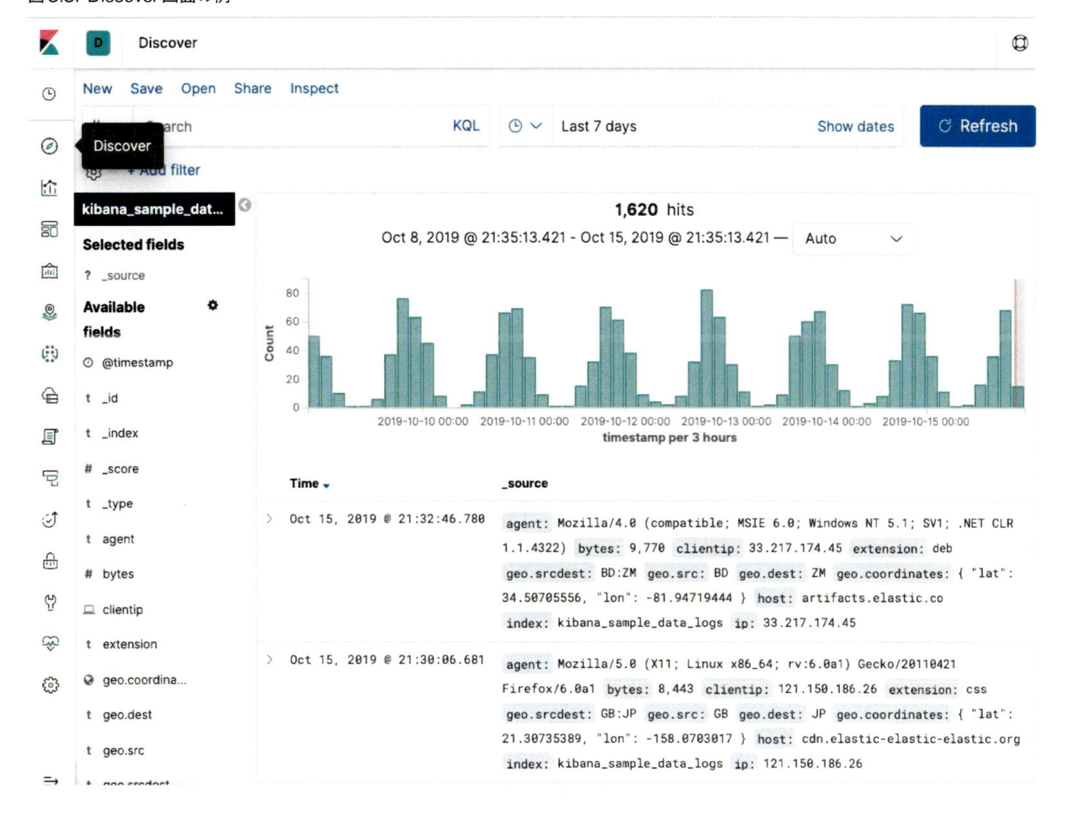

Visualize：データを使ってグラフを作成する

Elasticsearchに保存されているデータを使用してグラフを作成できます。グラフの設定はElasticsearchの中に保存されるため、いつでも閲覧することが可能です。Visualizeアイコンをクリックすると図5.6の画面が表示されます。ここで各グラフのURLをクリックすると、グラフの詳細画面へ遷移します。

図5.6: 保存されているグラフを閲覧する画面の例

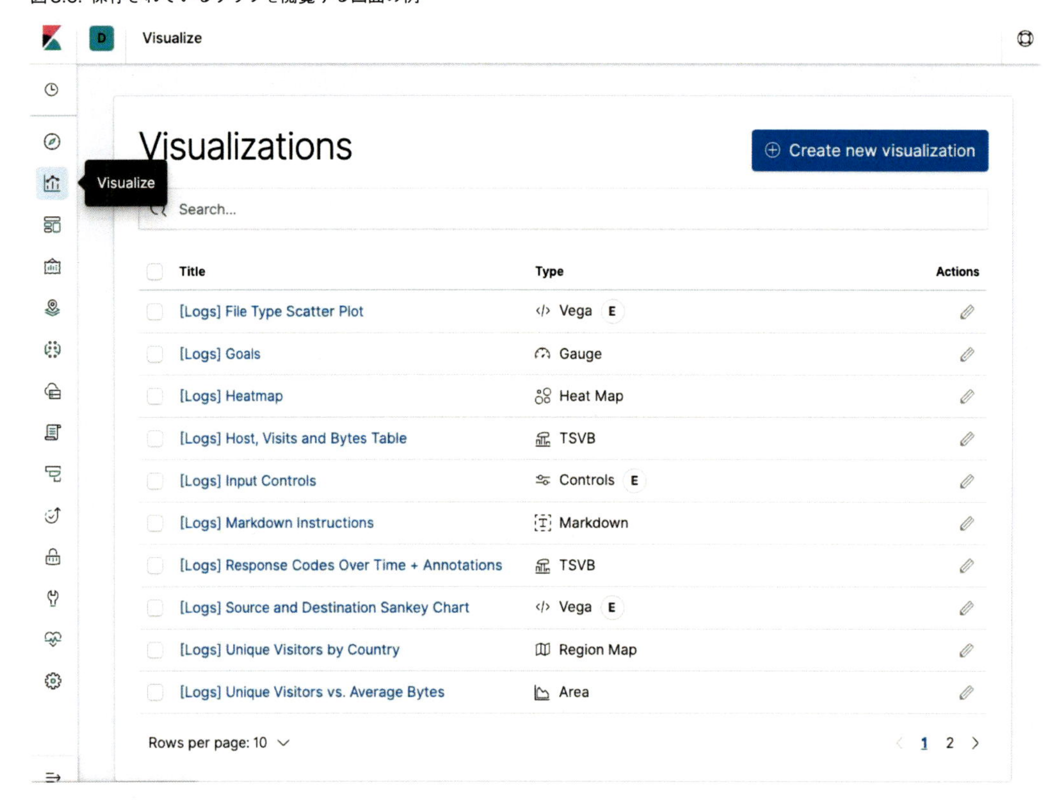

図5.7は、`[Logs]Goals`の詳細画面へ遷移した画面です。

図5.7: Visualize画面の例

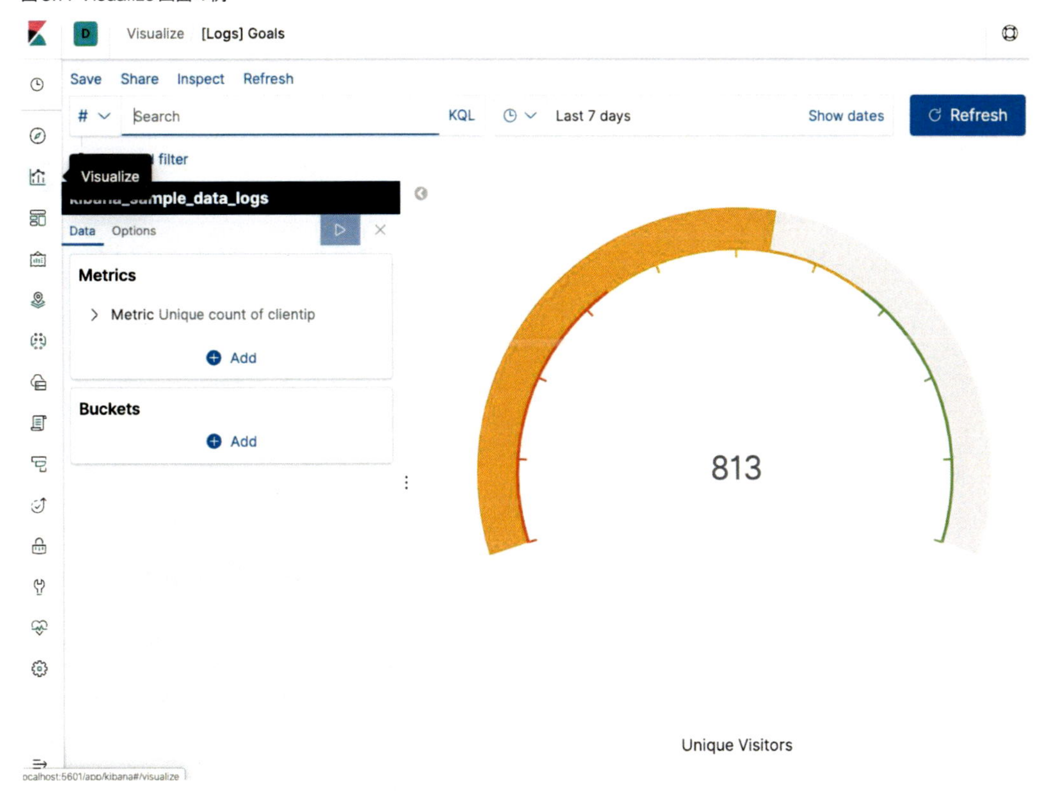

Dashboard:グラフを集めて閲覧する

Visualizeで作成したグラフを一箇所にまとめて参照できます。各グラフの配置・大きさは自由に決定することができます。Dashboardに表示されるグラフは、Visualize画面で作成したものを参照します。Dashboard作成前にグラフを作成する必要があります。

図5.8: Dashboard画面の例

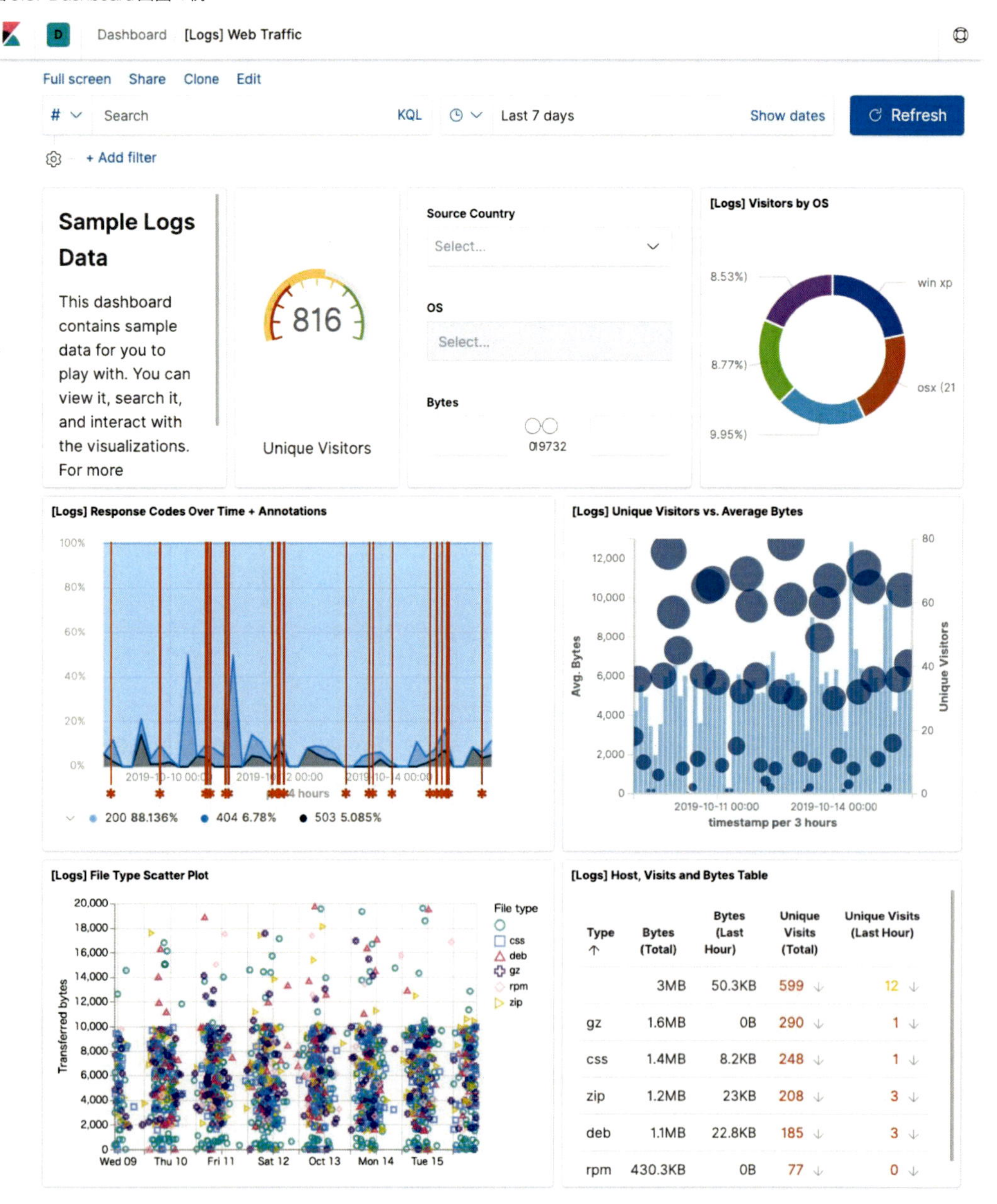

Canvas:画像や色を組み合わせてデータを加工する

バージョン7から、Canvas機能が追加されました。Elastic StackサブスクリプションのBasicプラン以上を使うと使用できます。

プレゼンツールでプレゼンテーション資料を作成するかのように、よりグラフィカルな画面を作成できます。Elasticsearchのデータを使用するため、作成した画面の内容はリアルタイムに更新されます。プレゼンテーションと違い、データの更新ごとに資料を作り直す必要はありません。

図5.9: Canvas画面の例

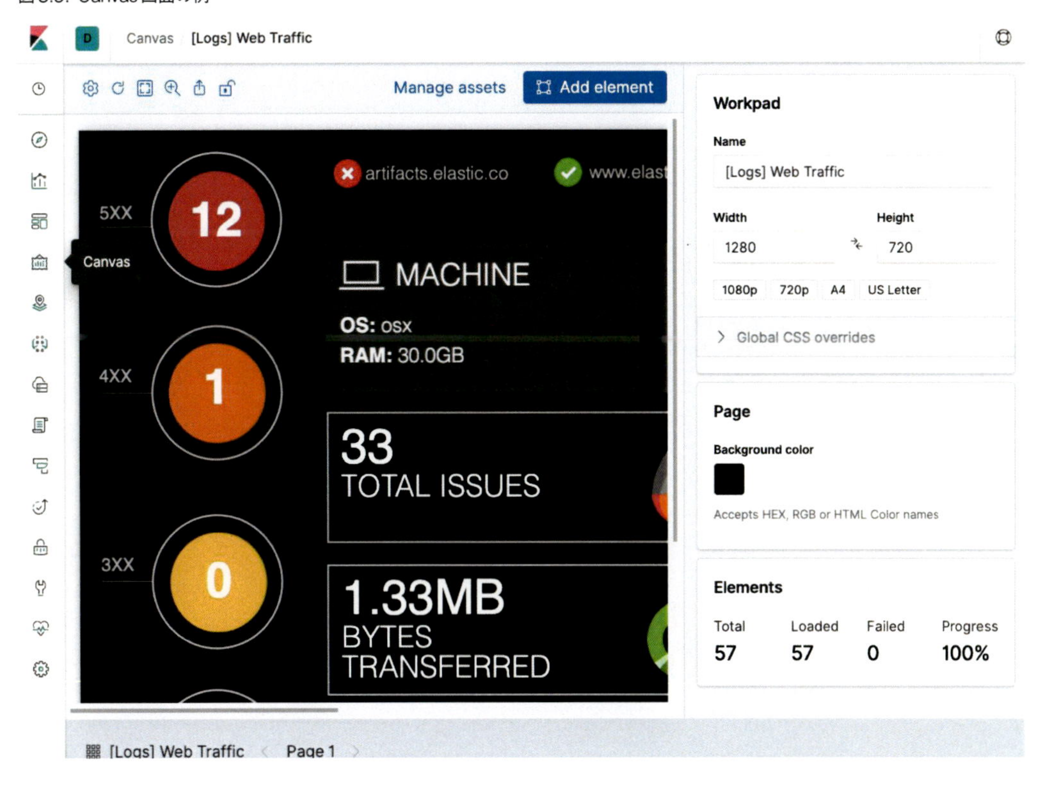

Maps:地図にデータを描画する

データの地理情報を、Elasticsearch社独自に作成している地図上に描画できます。Elastic Stackサブスクリプションのプランによって、ズーム倍率や機能の内容が変化します。詳しいライセンス情報は公式サイト（https://www.elastic.co/jp/subscriptions）を参照してください。

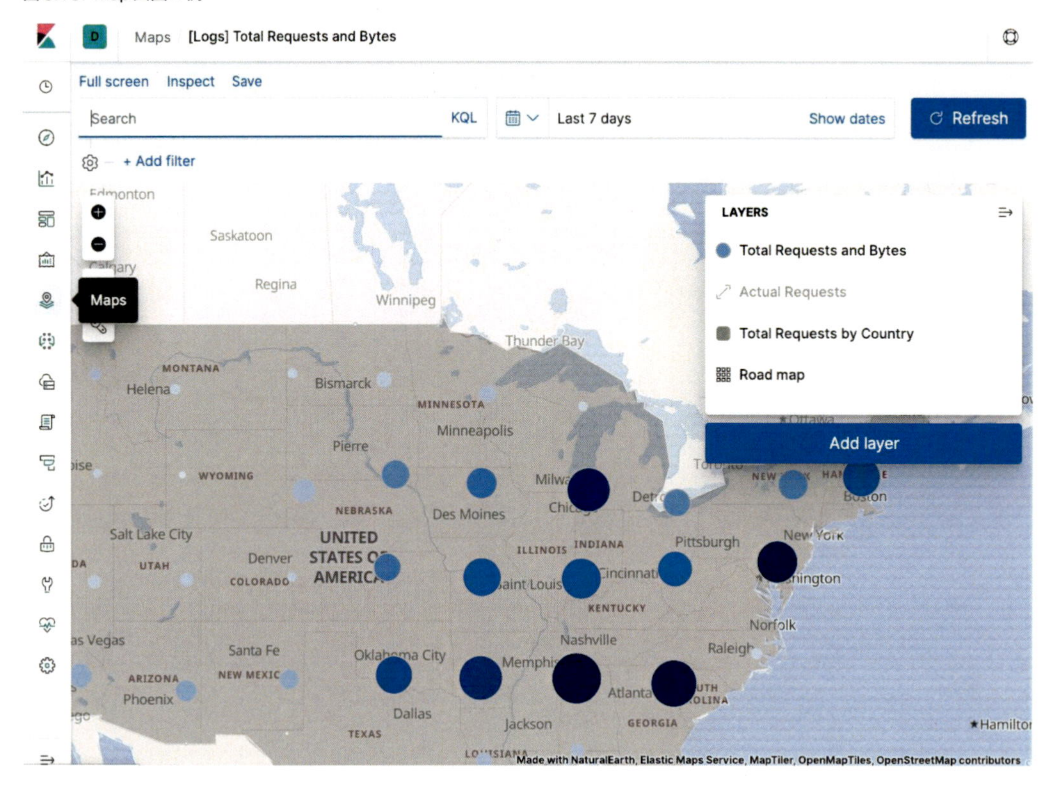

図5.10: Map画面の例

Data Visualizer:CSVやJSONデータなどをElasticsearchに取り込む

Elastic StackサブスクリプションのBasicプラン以上で使用できます。CSVデータやJSONデータなど、分析対象のデータをアップロードするとElasticsearchにデータを連携できます。簡単な構造のデータかつ、リアルタイムに情報を更新する必要がない場合、Data Visualizerを使用すればLogstashのセットアップをせずにKibanaを使用できます。

図5.11: Data Visualizer画面の例

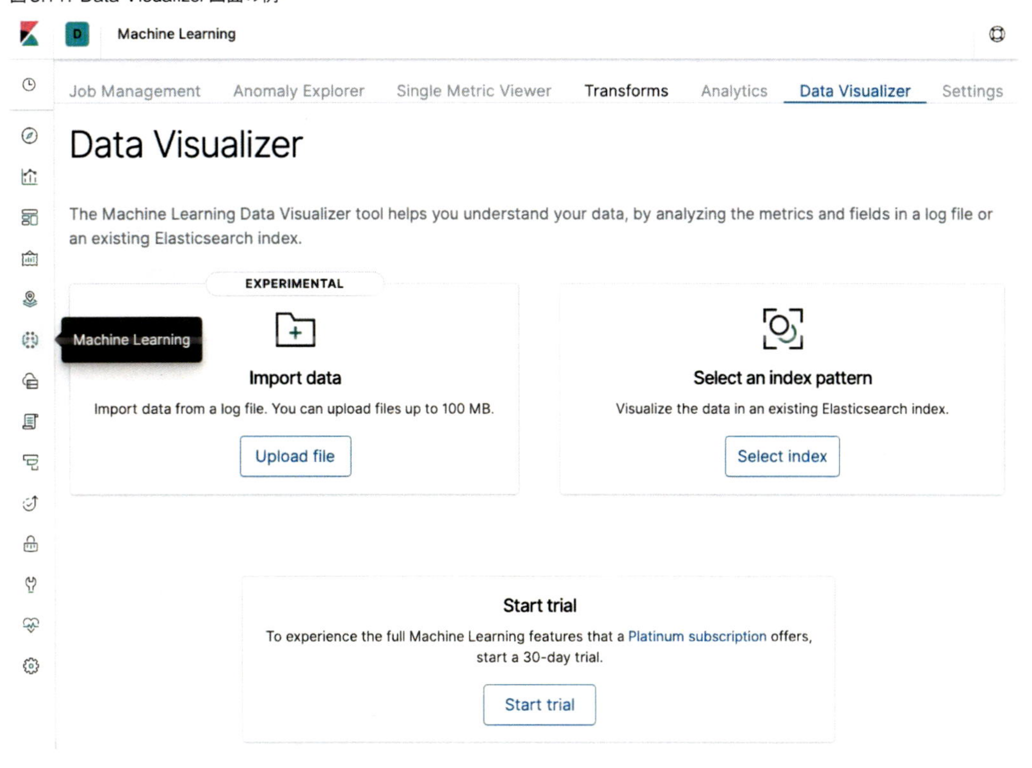

Infrastructure

サーバーの情報やKubernetes、Dockerなど、インフラ領域に関わる情報を可視化・分析できます。こちらもElastic StackサブスクリプションのBasicプラン以上で使用できます。

図5.12: Infrastructure画面の例

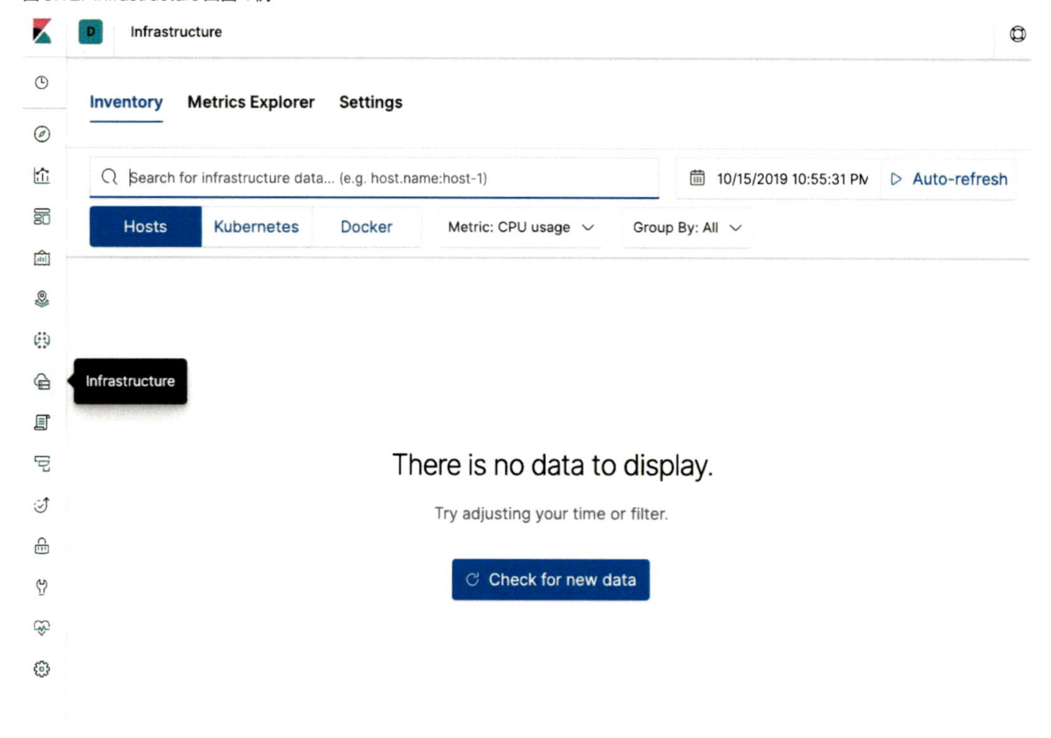

APM：アプリケーションの状態を監視する

APMでは、アプリケーションのパフォーマンス計測に特化した機能を利用することができます。利用するためには、事前にアプリケーション内にエージェントを組み込む必要があります。今回はAPMの操作方法は説明の対象外としています。

Dev Tools：Elasticsearch用のクエリをテストする

Dev ToolsのConsoleを使用すると、Kibana画面からElasticsearchに対して検索用クエリを発行できます。Dev Toolsが追加されるまではElasticsearchにクエリを発行するためにはコンソールにクエリを打ち込むしか手段がありませんでした。

Dev Toolsを使用すれば、専用の画面を使ってクエリを発行できます。

図5.13: Dev Tools画面の例

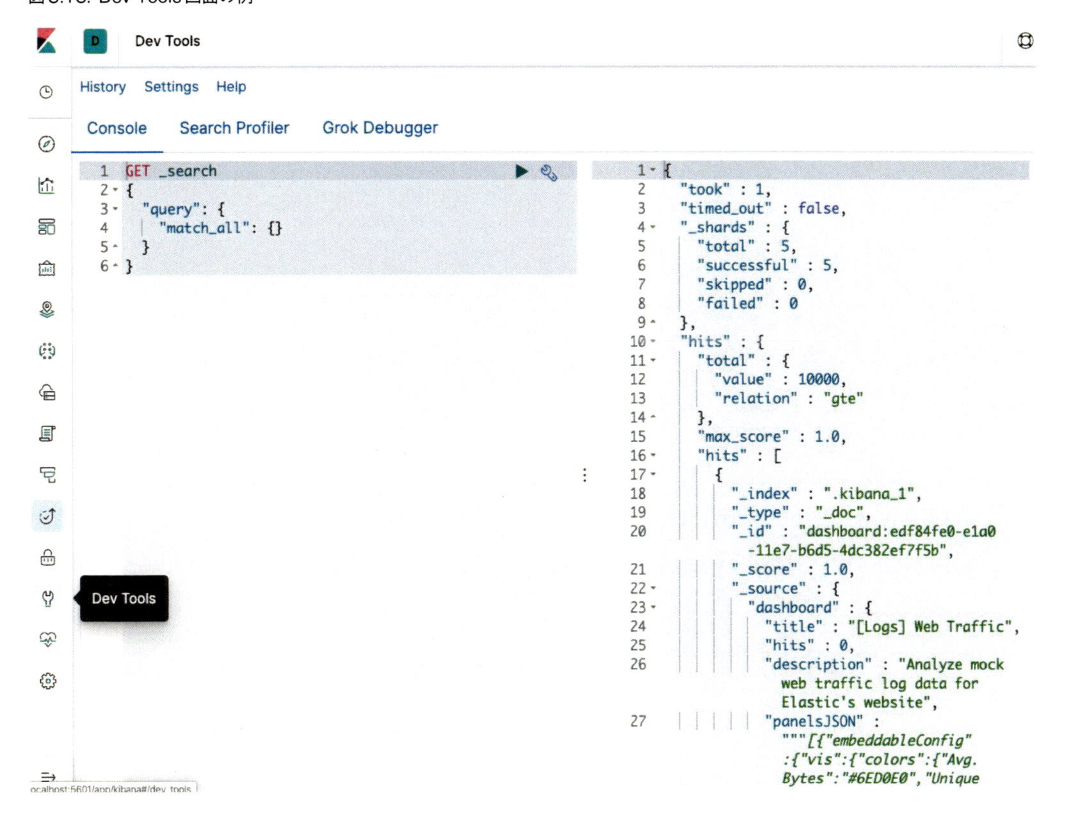

Stack Monitoring：ElasticsearhやKibanaの監視

Kibanaを監視用途で利用する場合、Kibana自身のサービスが停止してしまっては意味がありません。Stack Monitoringを利用すれば、ElasticsearchやKibanaのサービスが動いているか確かめることができます。

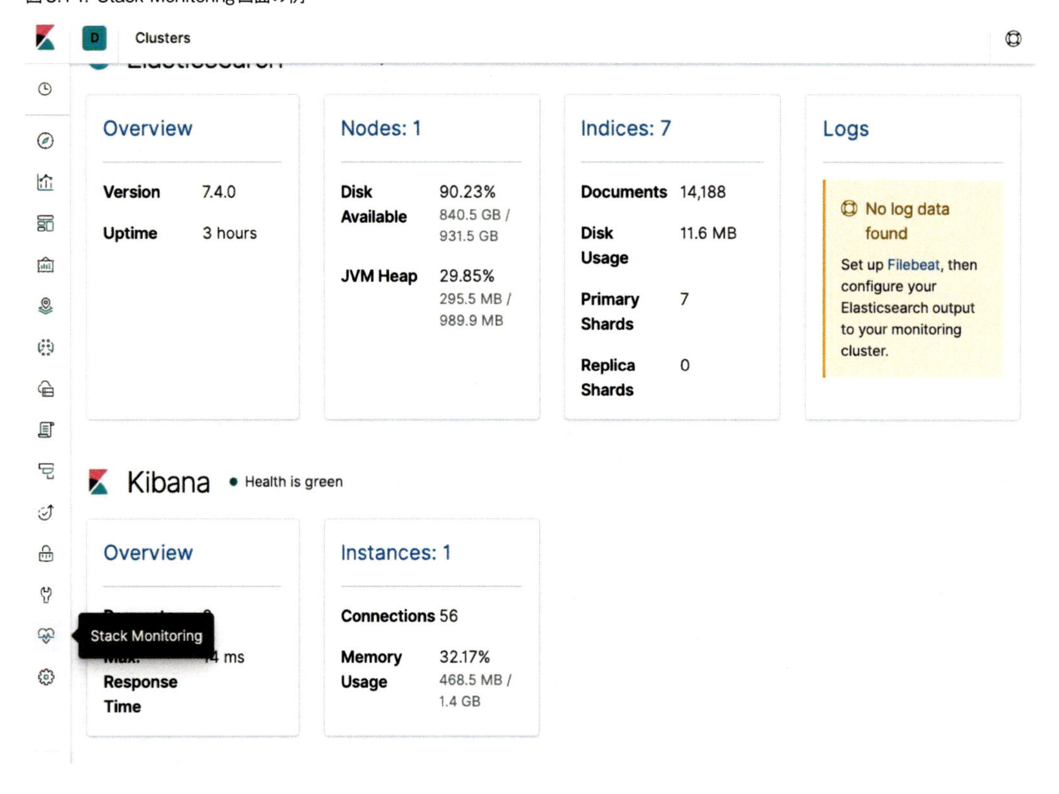

図5.14: Stack Monitoring画面の例

Management：Kibanaの設定画面

Elasticsearchのindex情報が更新されたときや、不要なグラフを削除したいときなど、Kibanaの設定を画面から変更できます。

図5.15: Management画面の例

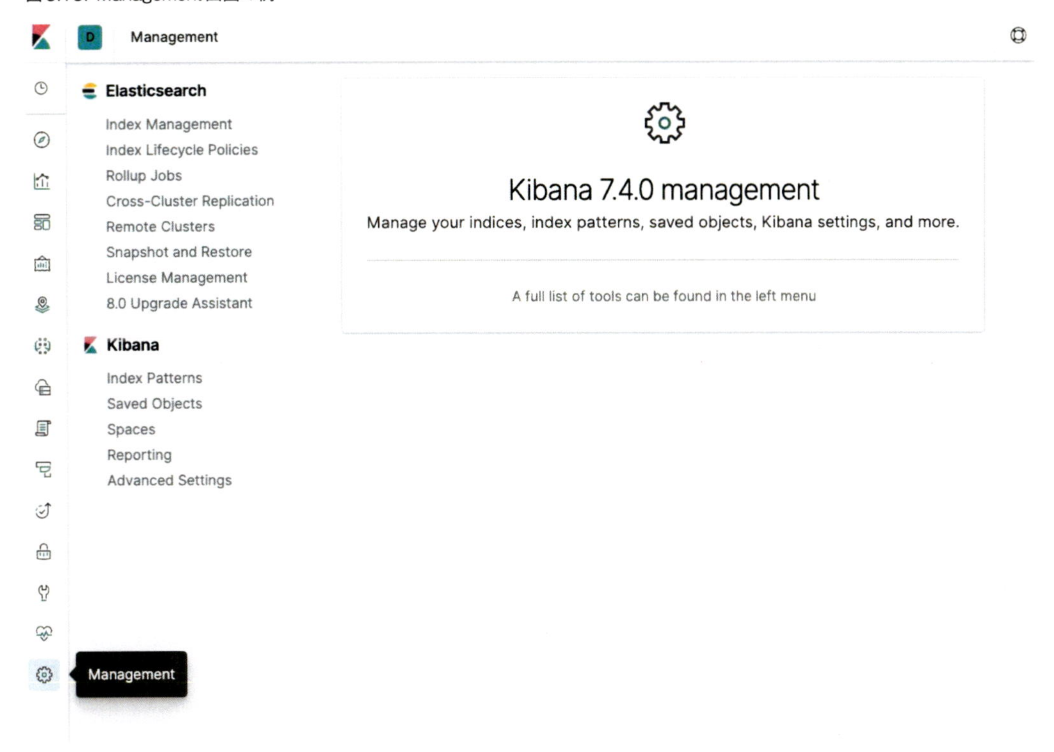

Kibanaは多くの機能を備えていることがわかりました。この本では基本的、かつサブスクリプションのプランに依存しないDiscover・Visualize・Dashbord画面の操作方法を解説します。

5.2 Discover画面を使ってみよう

まず始めに、Discover画面を使用して今どのようなデータがElasticsearchの中にあるか調べてみましょう。グラフを作る前に実際のデータを確認しておくことで、データをどのように集約・閲覧すれば良いか検討します。

> 「それにKibanaのグラフで使う検索条件とDiscover画面で使う検索条件は同じものだから、ここである程度検索してどんなデータが取得できるか確かめた方がいいんだね。」

そうですね。まずはKibanaの画面に慣れるという意味でも、Discover画面を使いこなしてみましょう。

indexの確認

まず初めに、KibanaにLogstashで取得したCSVのデータを表示しましょう。事前にLogstashを起動し、データをElasticsearchに送付してください。

KibanaはElasticsearchのindexからデータを取得しています。一方、Elasticsearchは複数のindexを保持できます。新しくLogstashやMetricbeatを設定した場合、データが保持されているindexの名前をKibanaに教える必要があります。Kibanaがどのindexを使用すれば良いか判断できないからです。

ツールバーの一番下のアイコンをクリックし、Management画面を開きます。

図5.16: Management画面を開く

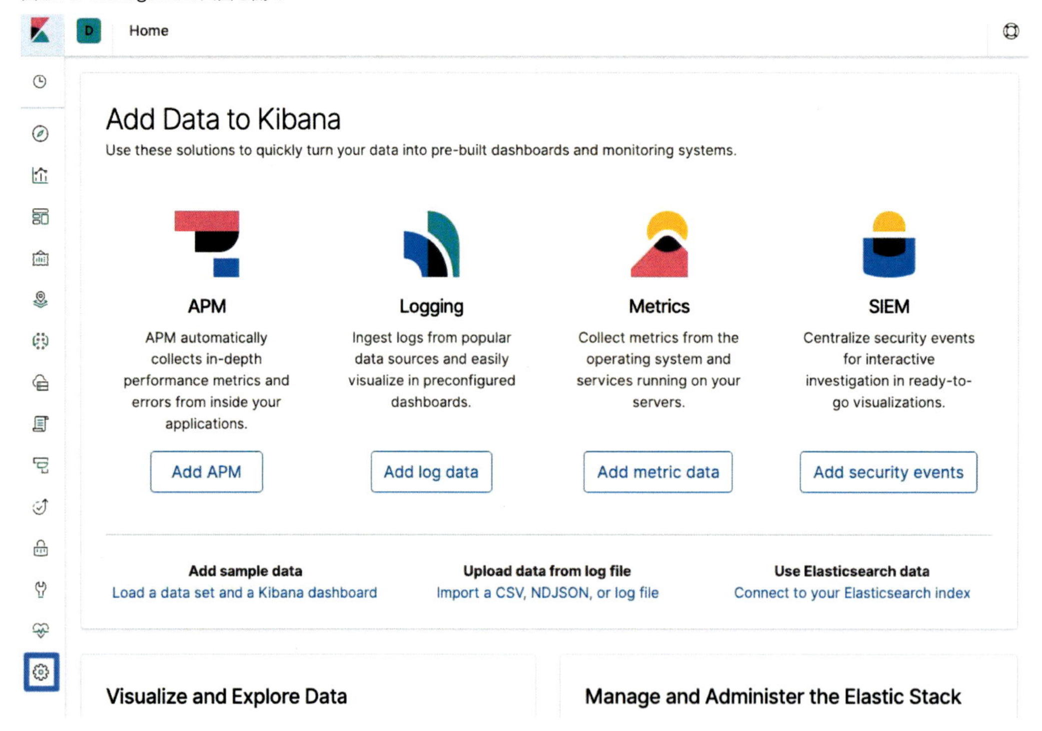

`Index Patterns`を開き、`Create Index Pattern`ボタンをクリックしてください。

図5.17: Index Patternsを開く

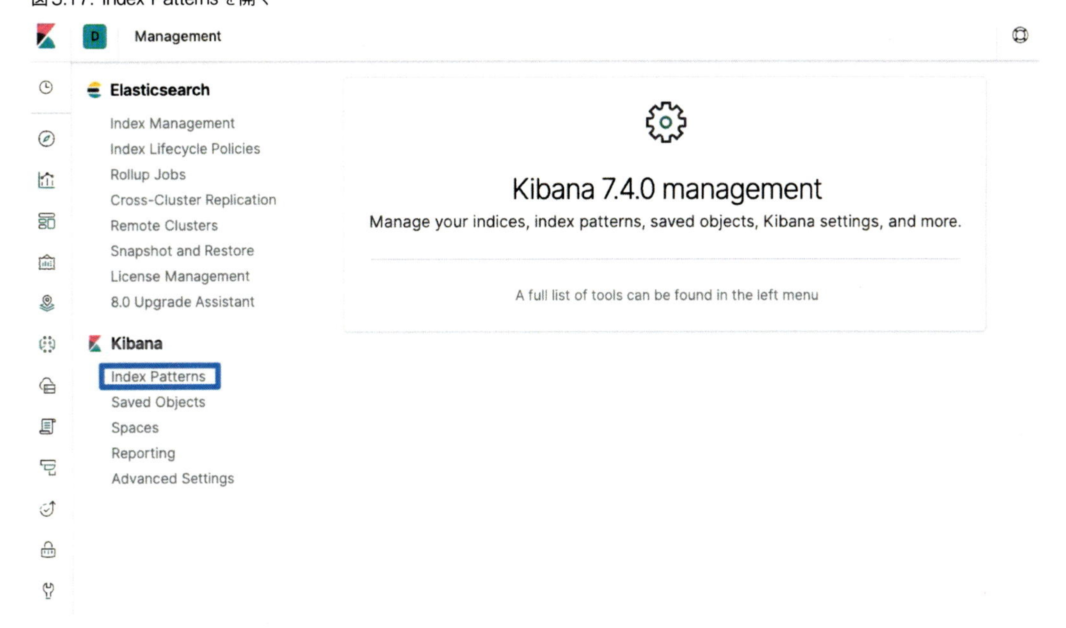

Elasticsearchに保存されているindex情報が表示されます。ここでは`melon-bread-sales-*`を指定し、いちごメロンパンのCSVデータが保存されているindexをKibanaに紐付けます。`*`はワイルドカードを示しています。「`melon-bread-sales-`」で始まる`index`名を全て選択するという内容を指定しています。

図5.18: index情報を閲覧する例

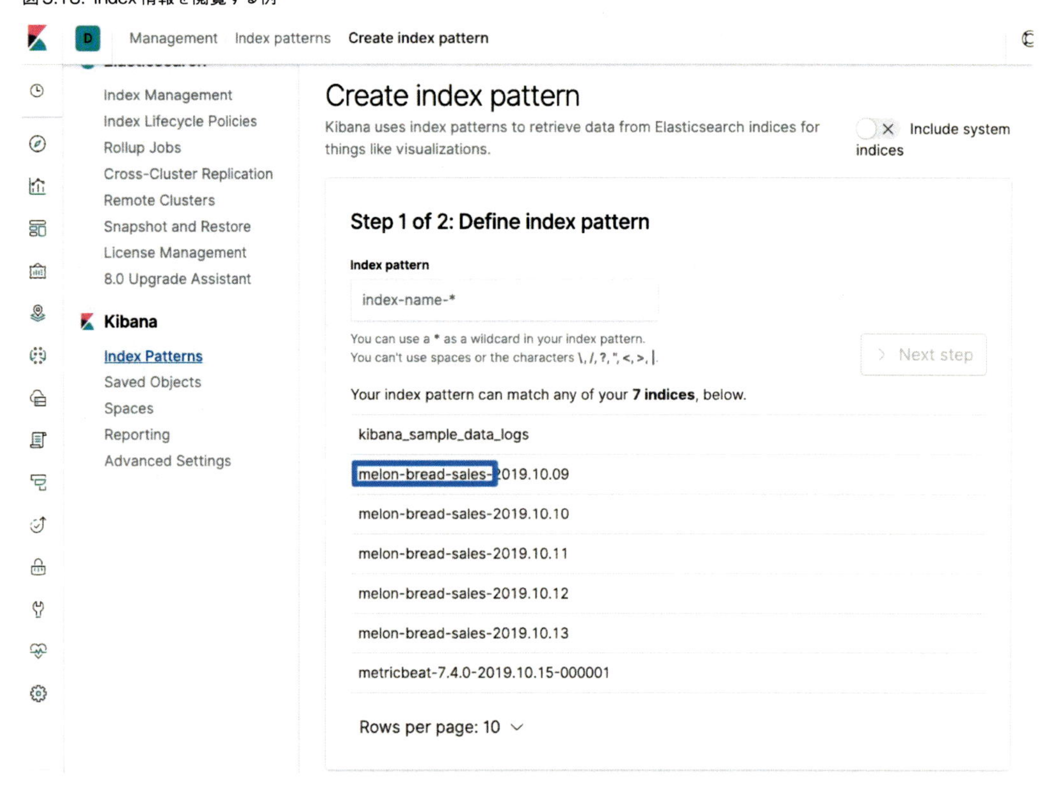

indexの指定後、Next stepをクリックします。

図5.19: melon-bread-sales-*を指定する

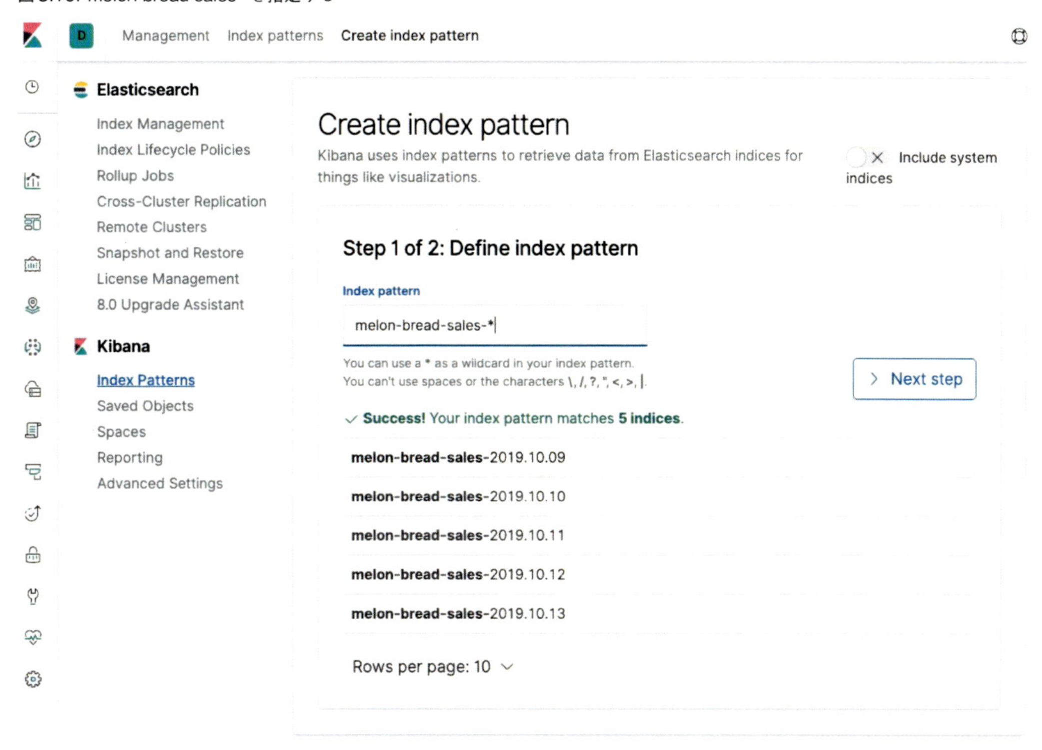

データの時間軸を指定します。今回は`@timestamp`を時間軸とするようにLogstashでデータを加工しています。そこで`@timestamp`をプルダウンから選択します。選択後、`Create index pattern`を指定します。

図5.20: データの時間軸を指定する例

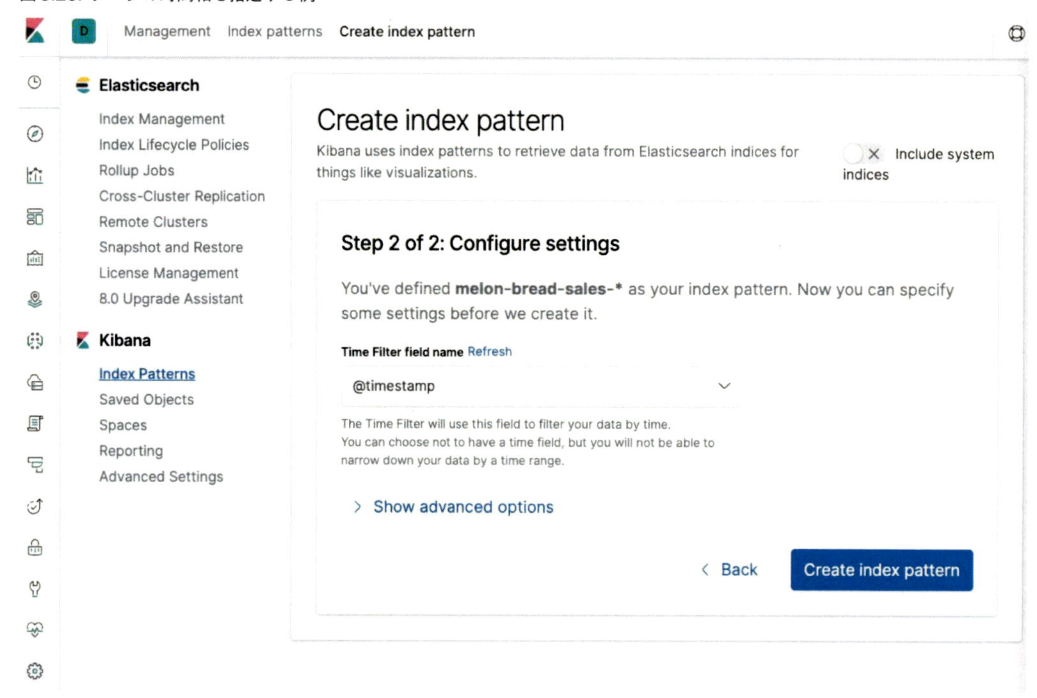

indexの紐付けが完了すると、データ情報の詳細画面に遷移します。星マークをクリックし、紐付けたindexをデフォルトで利用するように設定を変更しましょう。

図5.21: indexの紐付け後

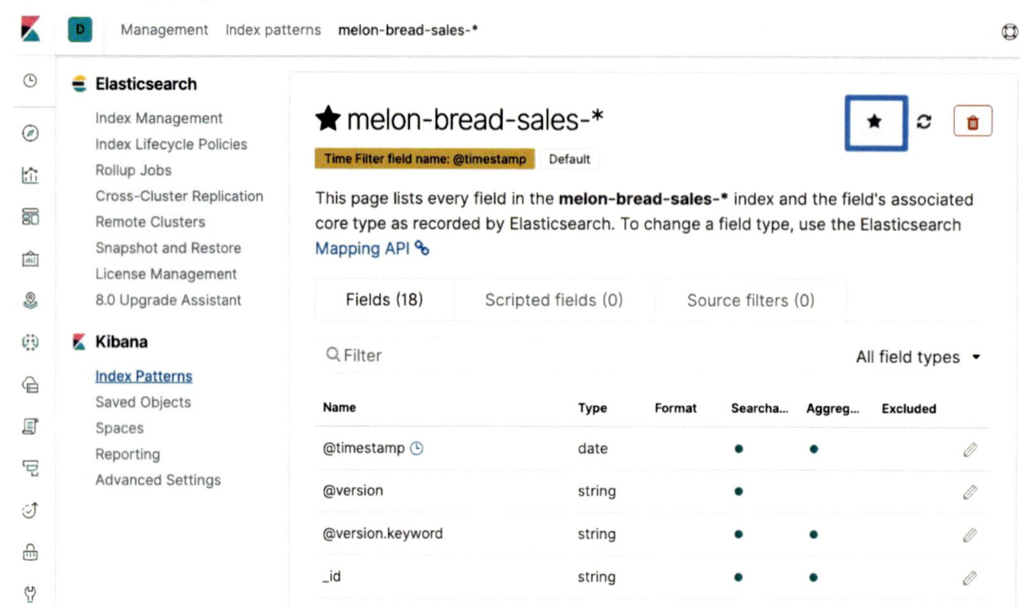

5.3 Discoverでデータを閲覧する

Discover画面でデータの詳細を閲覧してみましょう。まずはDiscoverの基本的な使い方から説明します。

Discover画面の説明

ツールバーの`Discover`アイコンをクリックし、Discover画面を開きましょう。`Search`テキストボックスにデータの検索条件を入力し、Enterキーを押下すると検索処理が実行されます。検索条件の具体的な記法は後ほど解説します。

図5.22: Discover画面の表示

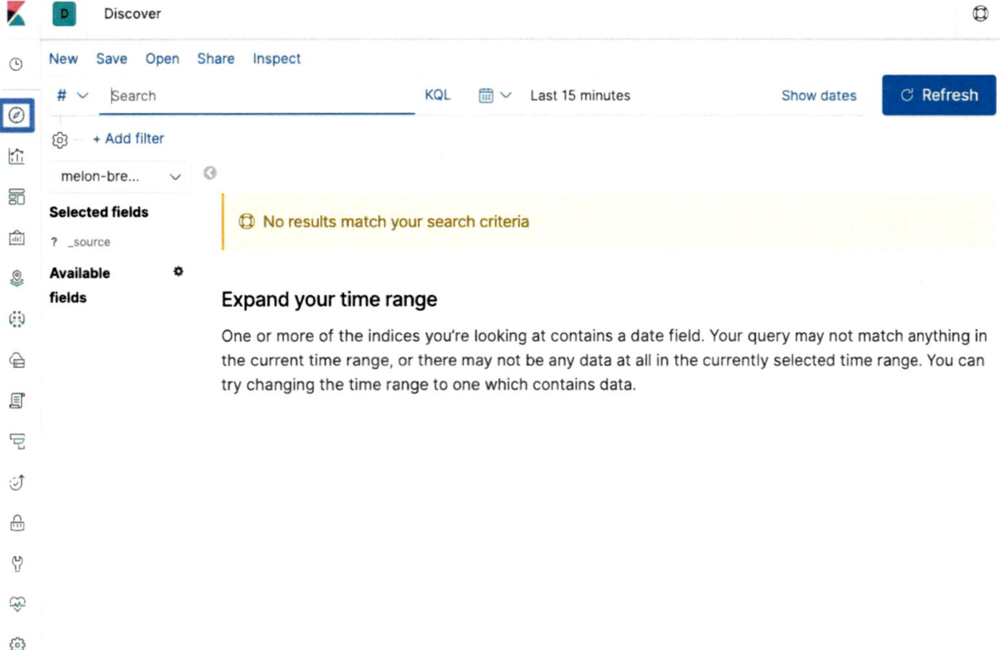

データの表示と検索条件

該当データが存在しない場合、図5.22のように`No results match your search criteria`と表示されます。

データが存在する場合はX軸：時間・Y軸：データ件数の棒グラフと、実際にElasticsearchに保存されているデータが表示されます。

図5.23: データが存在する場合のDiscover画面

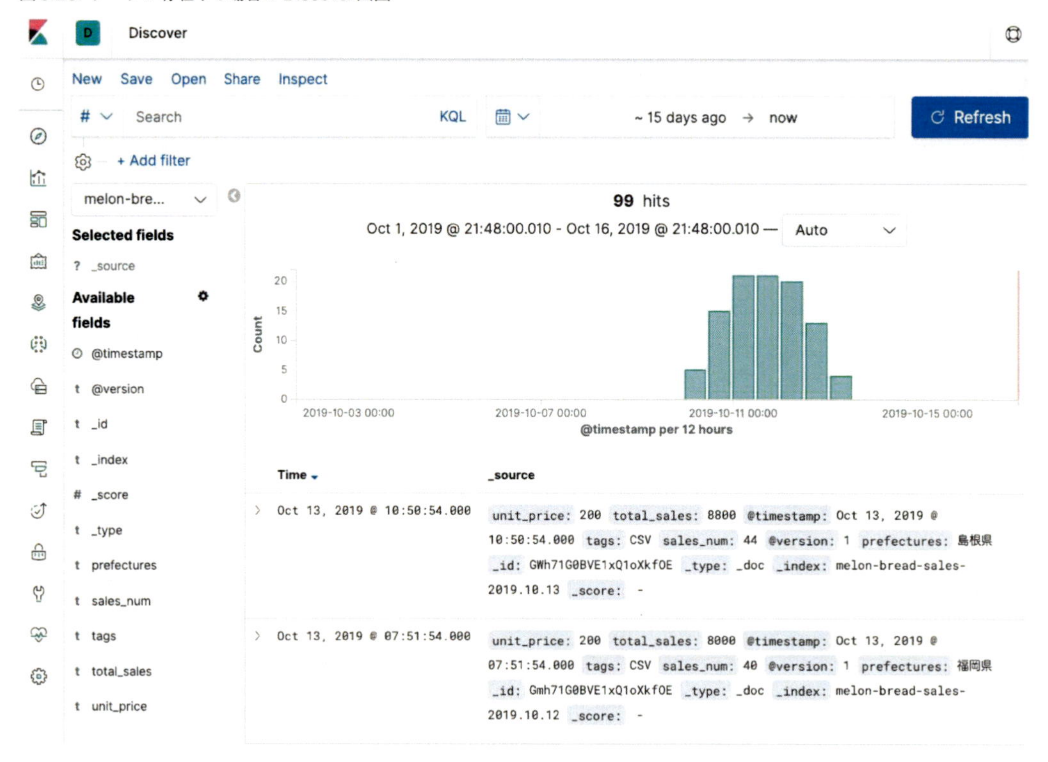

データの検索期間を変更する

データが存在しない場合、データが存在すると思われる時間に検索期間を変更します。デフォルトの設定では、直近15分の間でElasticsearch内に保存されたデータが表示されます。カレンダーアイコンをクリックすると、データの検索期間を変更するためのポップアップが立ち上がります。

図5.24: カレンダーアイコンをクリック

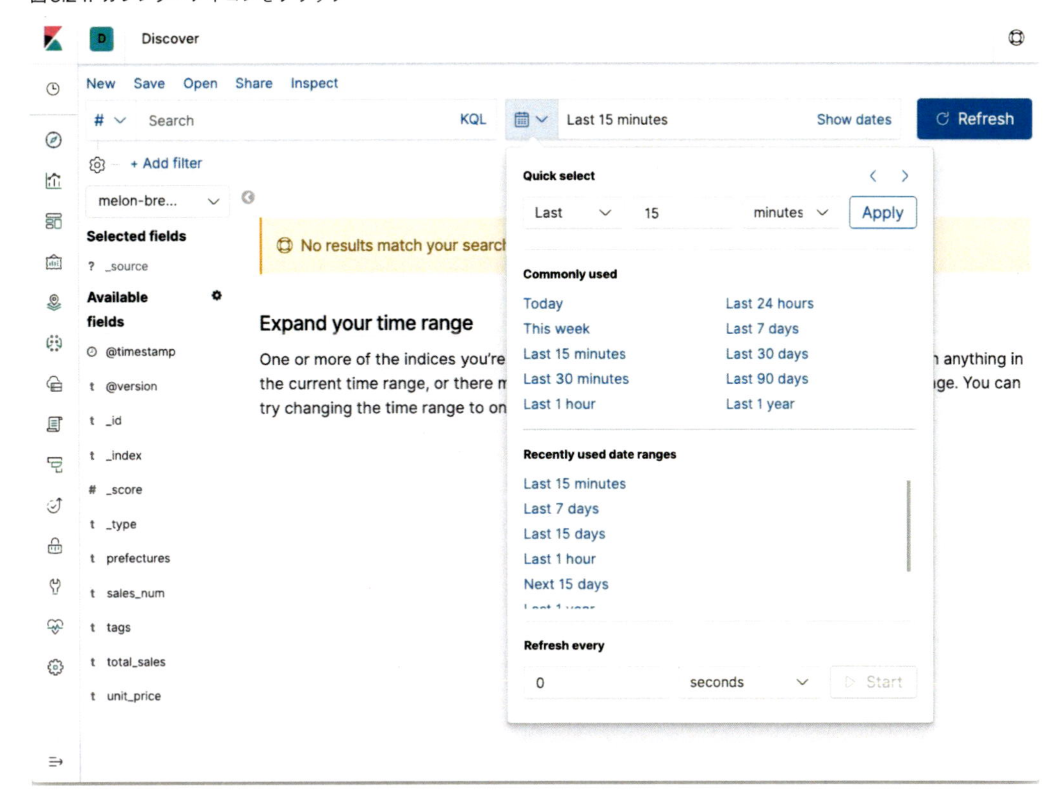

図5.24の画面で、時間軸を変更します。ここではLast 7 daysをクリックします。過去7日分のデータを表示する設定になります。Applyをクリックすると設定が適用されます。

過去の時間を指定する場合はLast、未来の時間を指定したい場合はNextを選択します。

Discover画面でデータを詳しく閲覧しよう

データの詳細を表示する

データの左横にある三角マーク（四角がついている部分）をクリックすると、データの全量が表示されます。

図5.25: 三角マークをクリック

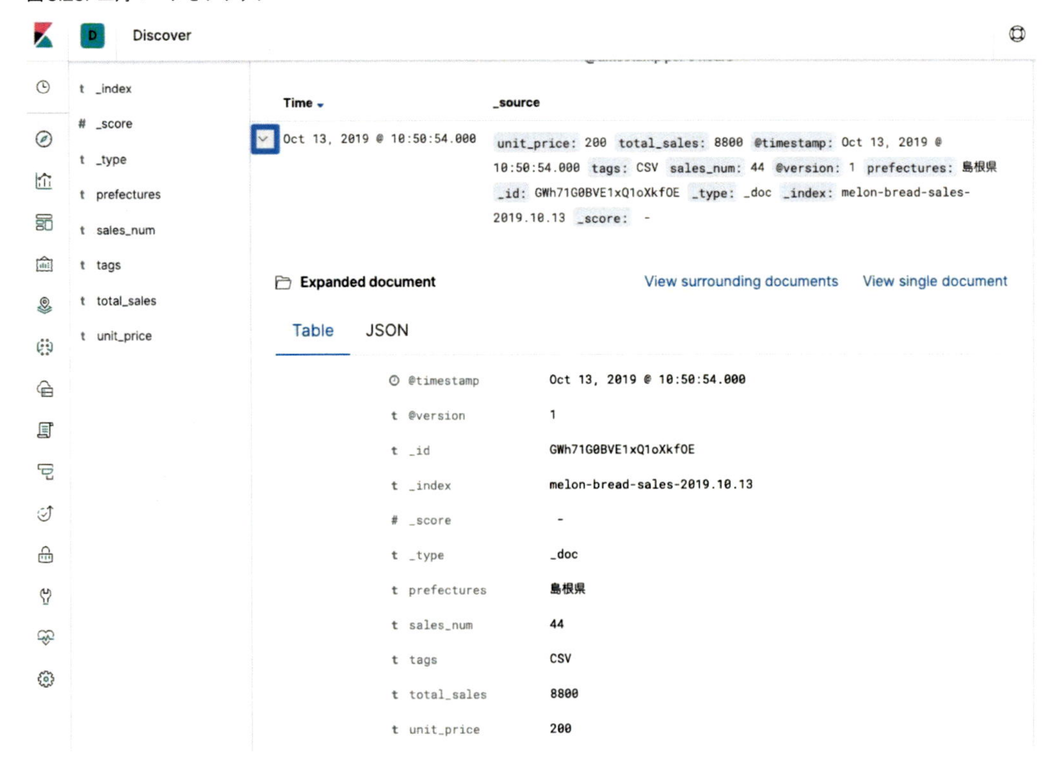

データの傾向を閲覧する

では、今度はデータの傾向を閲覧してみましょう。fieldsを利用します。このfieldsは直近500件分のデータを分析し、各fieldに入っているデータがどのくらい同じなのか割合で示すことができます。

例えば、prefecturesをクリックすると、いちごメロンパンの売り上げがあった県の内訳を表示できます。

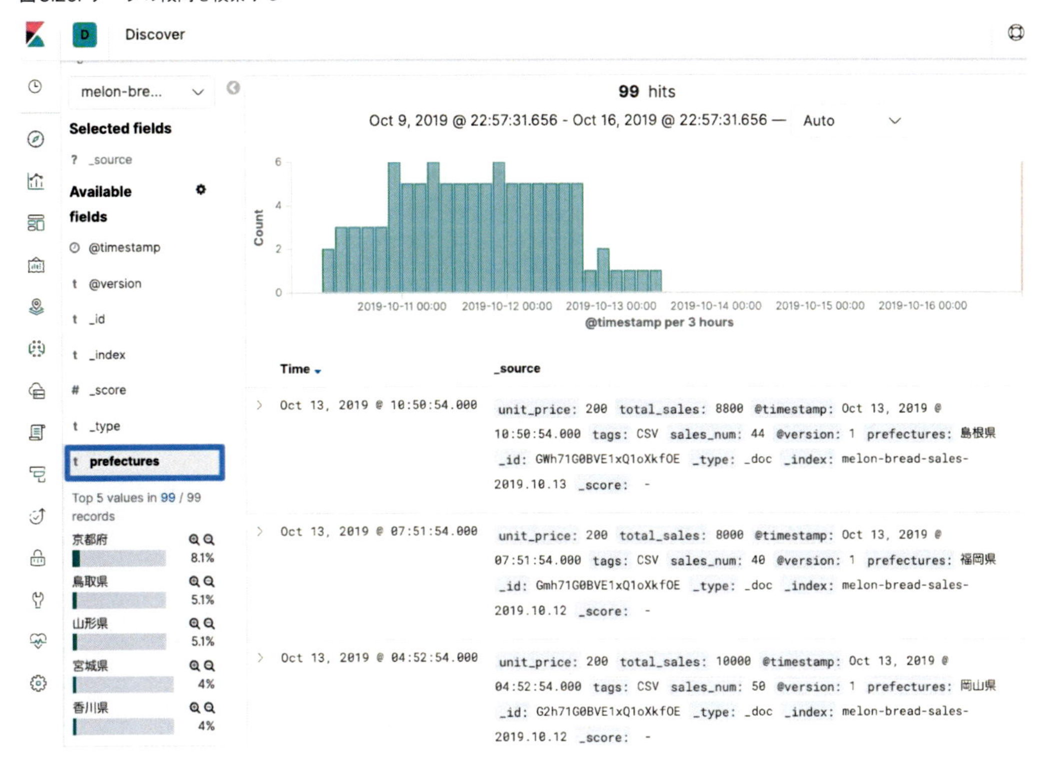

図5.26: データの傾向を検索する

虫眼鏡を使って特定のデータのみ選択する&除外する

各データの横、またはfieldsの内訳画面にある虫眼鏡をクリックすると、特定のデータのみ抜き出して検索することや、逆に特定のデータのみ除外することができます。

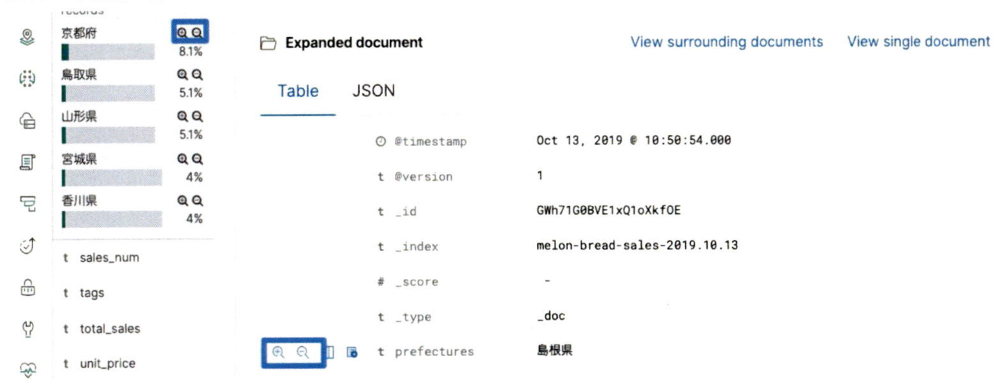

図5.27: 虫眼鏡の例

プラスの虫眼鏡を選択すると「そのデータに一致する条件で」検索することができます。例えば京都府のデータだけを閲覧したい場合、prefectruesが京都府の虫眼鏡アイコンをクリックします。

図 5.28: prefectrues が「京都府」の物だけ表示した
い場合

図 5.29: prefectrues が「京都府」の物だけ表示した例

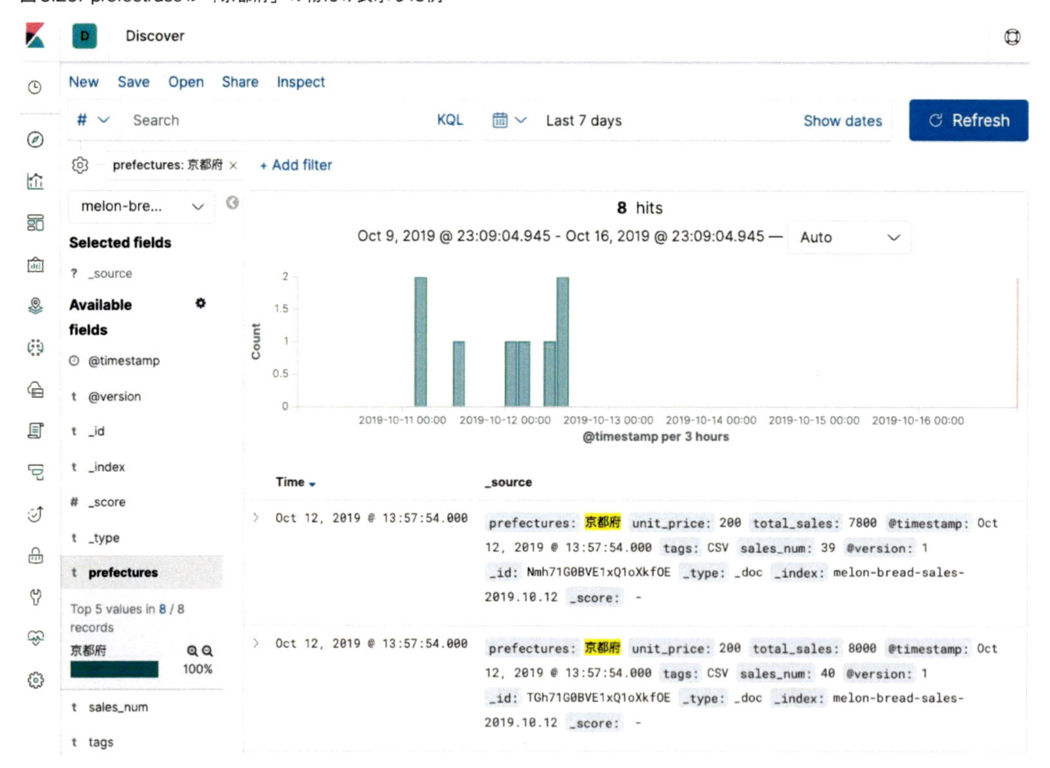

逆にマイナスの虫眼鏡では「そのデータに一致しない条件で」検索することができます。例えば field 名 prefectrues が京都府の物を「を除外して」検索したい場合はマイナスの虫眼鏡をクリックします。

field 名「system.process.username」が「root」のものを除外する

図 5.30: prefectrues が「京都府」の物だけ除外した
い場合

図5.31: prefectruesが「京都府」の物だけ除外した例

検索条件を指定すると、Discover上部に条件の詳細が表示されます。条件を解除したい場合、×ボタンをクリックします。

図5.32: 条件の詳細

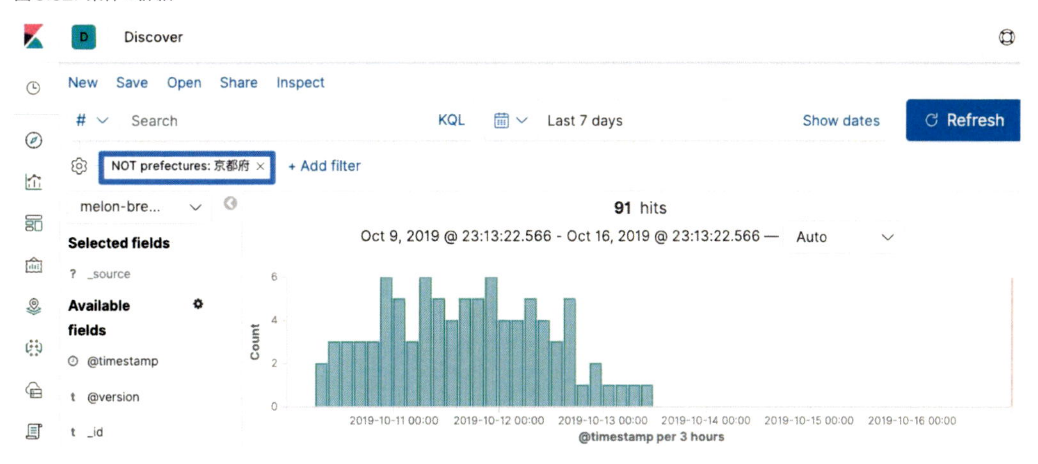

自分で検索してみよう

ある程度はKibanaの機能を使って取得したい情報を絞ることができますが、自分で検索条件を指定してデータを絞りたいときもあります。特にグラフを作成する場合、あらかじめ検索条件でデータ量を指定しないと余計な情報までグラフに表示されてしまいます。

条件に一致するものを取り出す

field名を指定し、その後field内のデータを指定する方法です。prefectruesが「京都府」かつtotal_salesが「7800」の情報に絞ってデータを取得したい場合、検索条件は下記のようになります。

リスト5.1: 京都府で売上金が7800円の情報を表示

```
prefectures : 京都府 and total_sales : 7800
```

図5.33: 検索後の画面

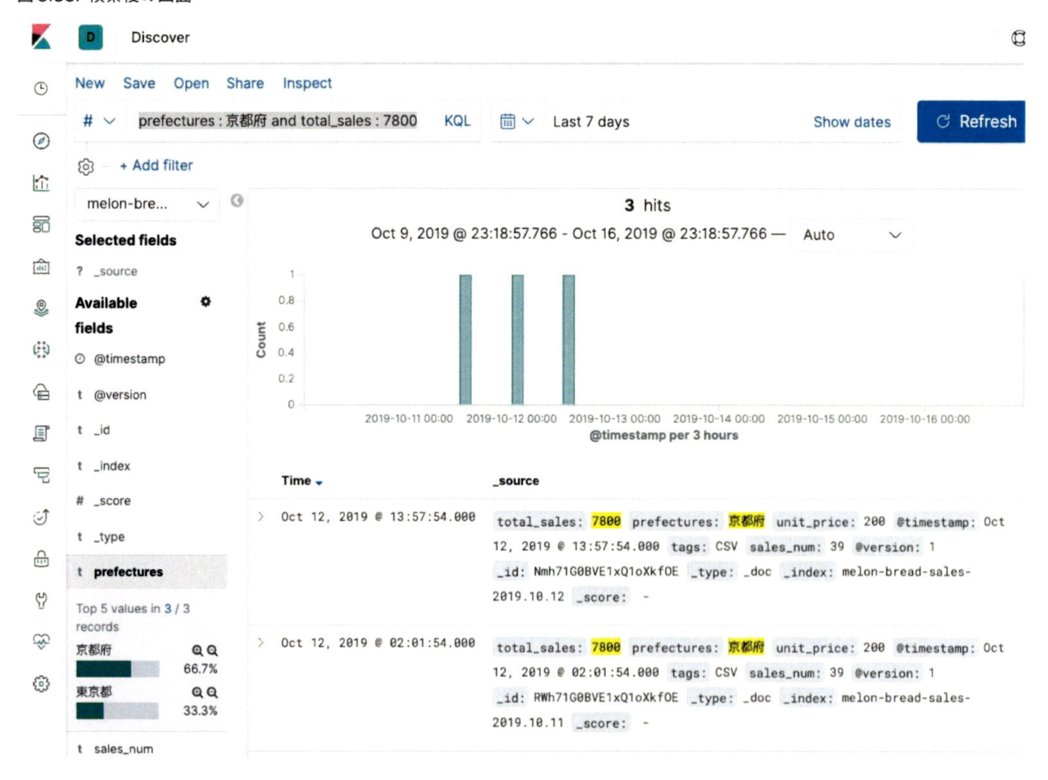

ここの条件をANDで繋げると、どちらの条件にも一致した場合に表示されます。orを使用すると、どちらかの指定値に一致していれば表示されます。

検索条件を保存しよう

> 「色々検索したけれど、これを毎回設定するのはめんどくさいね……。使い回しはできないのかな？」

もふもふちゃんの言う通り、毎回検索を行うのは面倒ですね。Kibanaは検索条件を保存することができます。画面左上のSaveアイコンをクリックすると、名前を入れる欄が出てきます。New Saved Searchに好きな名前を入れて青いSaveボタンを押しましょう。

図5.34: Saveクリック後

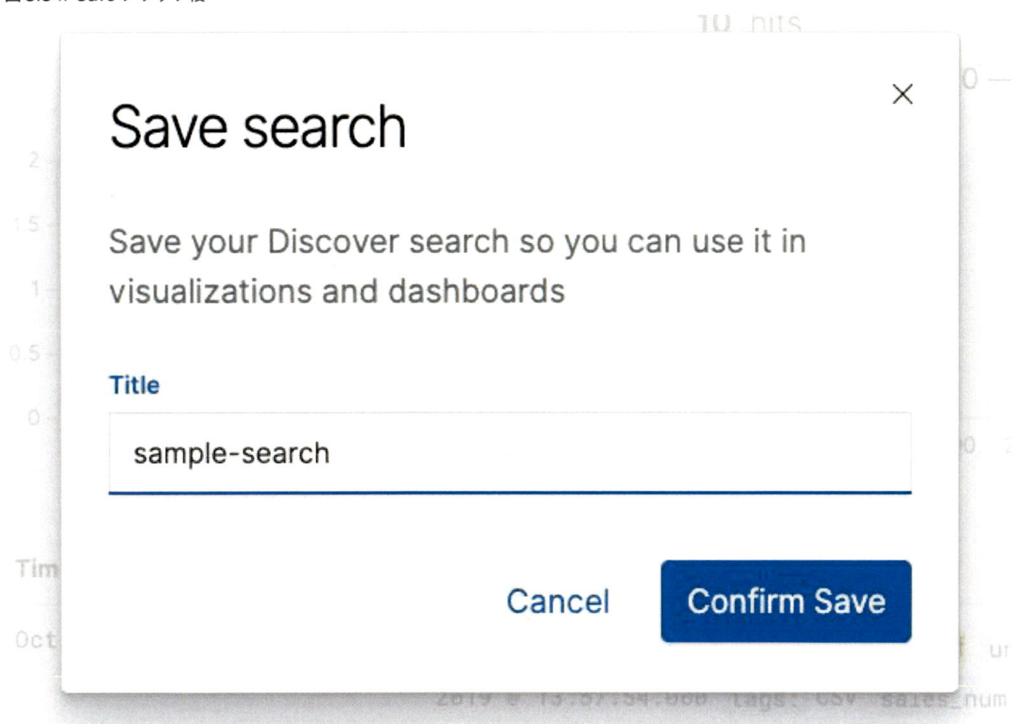

保存した条件はOpenを押して確認できます。条件名をクリックすると、選択した条件が適用されます。

図5.35: 保存した検索条件を確認する

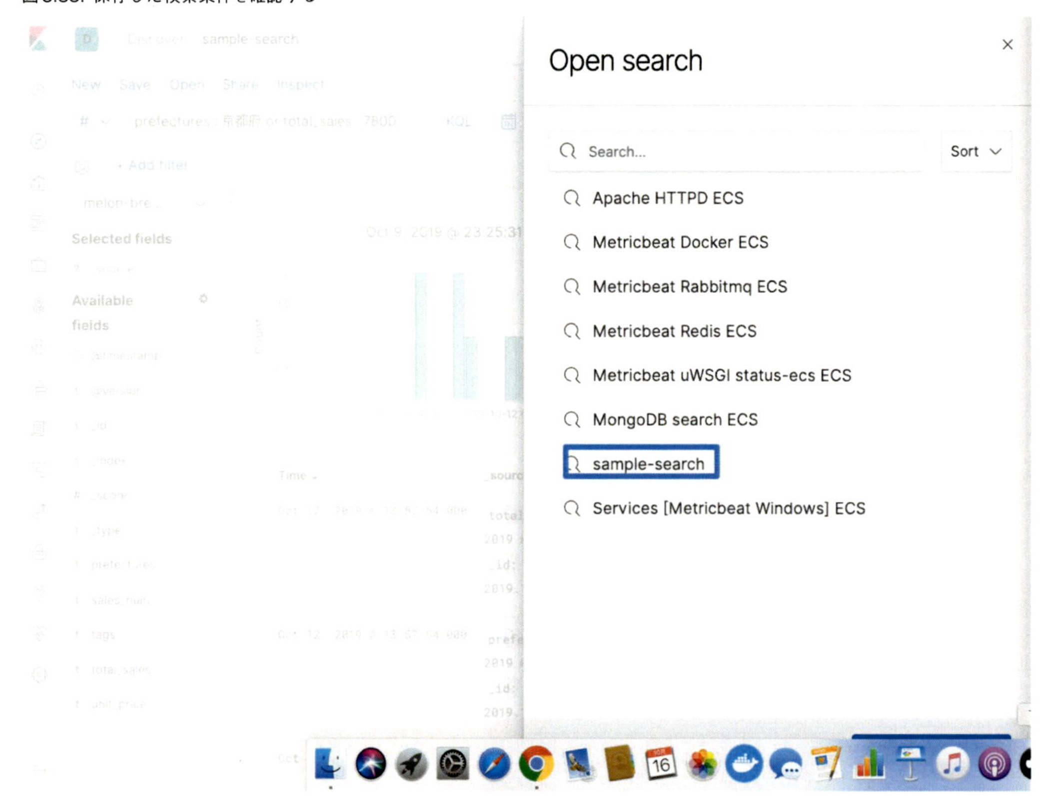

検索条件をリセット

保存した検索条件を呼び出す

検索条件を選択する同じ名前で検索条件の詳細をアップデートしたい場合、条件を書き変えて検索を実行した後、Saveボタンから同じ検索条件を指定することで上書き保存できます。次は、今まで出てきた検索方法を駆使しつつ、Kibanaのグラフを作成してみましょう。

第6章　Visualize画面でデータを可視化する

>「データの詳細を検索で出せるのはわかったけど、Googleの画像検索とかで出てくるのはもっとかっこいいグラフだけど……？」

今まで使っていたのはデータの詳細を確認する画面でした。Kibanaの紹介で出てくるような画面とは少し違っていたかもしれません。データを分析するために、自分でグラフを作成してみましょう。

6.1　Visualize種別を知る

まず初めに、どのようなVisualizeが存在するのか確認しましょう。この本ではベータ版・サブスクリプションを使用すると利用できるVisualizeの紹介は行いません。

Line chart / Area chart / Bar chart

`Line chart`はデータの数に応じて点がプロットされ、それを線でつないだグラフです。`Area chart`は積み上げ式グラフです。これは同じ要素の項目を上に積み上げて表示します。各項目の要素が全体に占める割合を把握するときに多く使用されます。`Bar chart`はデータの数に応じて棒を伸ばすグラフです。

この3つの`Visualize`は設定画面のオプションを使って種類を切り替えることができます。

図6.1: Bar chartの例

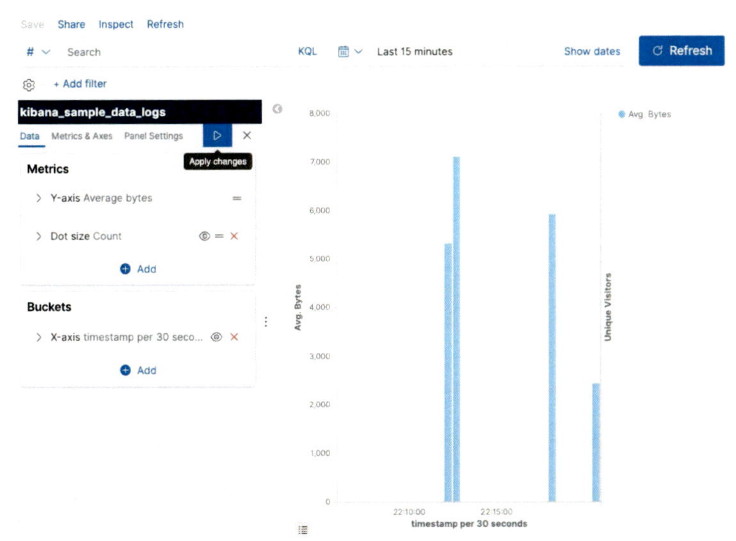

Horizontal Bar

`Horizontal Bar`は横向きの棒グラフを描画するVisualizeです。

図6.2: Horizontal Barの例

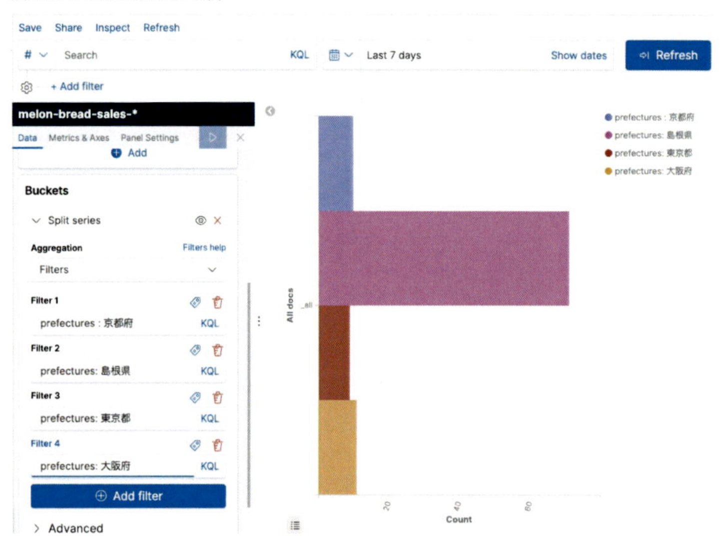

Pie chart

円グラフを作成することができます。円の真ん中を開けるドーナツ型の円グラフも作成できます。

図6.3: Pie chartの例

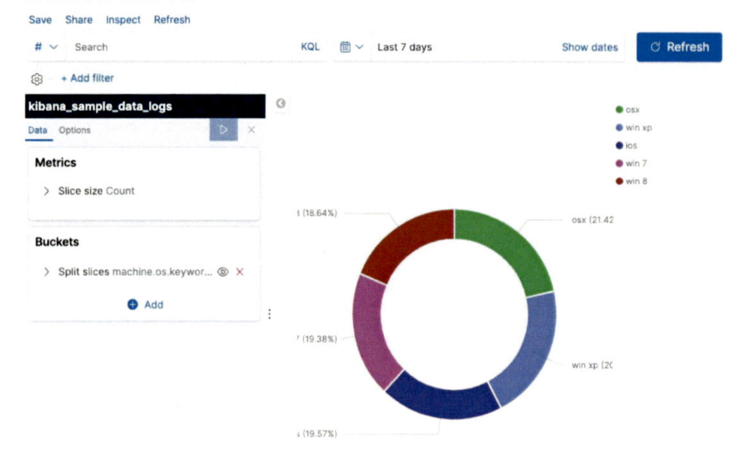

Data table

fieldの中にあるカラムが何件あるかを表示することができます。イメージとしては簡易的なExcel

といったところでしょう。データはCSV形式でダウンロードできます。ただし、文字コードはUTF-8なので、ファイルを開くツールによっては2byte文字が文字化けします。

図6.4: Data tableの例

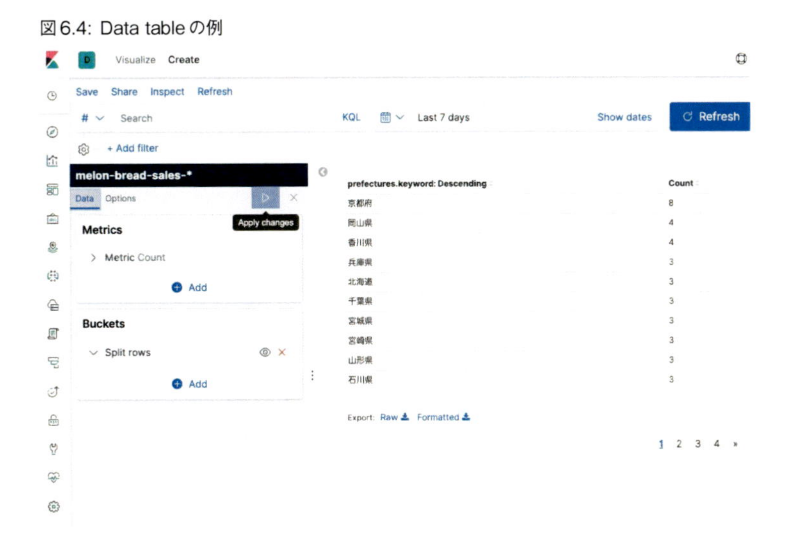

Heartmap chart

Heartmap chartを使用すると、ヒートマップグラフを作成できます。個々の値のデータがどのくらい多いかを色の濃さで示しているグラフです。色が濃くなればなるほど、データの数値が大きいことを示します。例えばいつ特定のWebページが多く閲覧されているかなどを色の濃さで可視化する場合などに使用されます。

図6.5: Heartmap chartの例

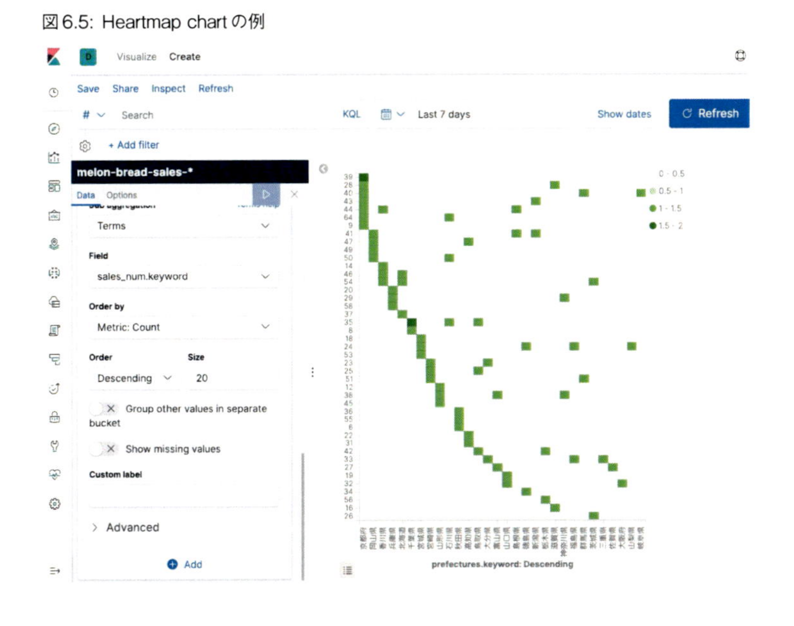

Markdown widget

Markdownを表示できます。URLのリンクを記載したり、グラフの閲覧方法をメモ書きで残すなどの用途に使用できます。

図6.6: Markdown widgetの例

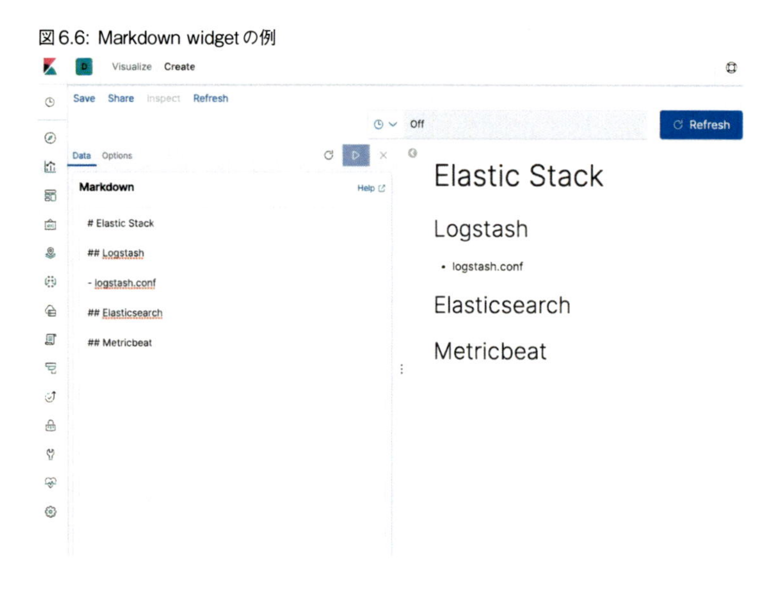

Metric

データの数や平均を数字として表示します。数字しか表示できないので、しっかり検索条件を駆使して、データの数などを細かく指定しておく必要があります。

図6.7: Metricの例

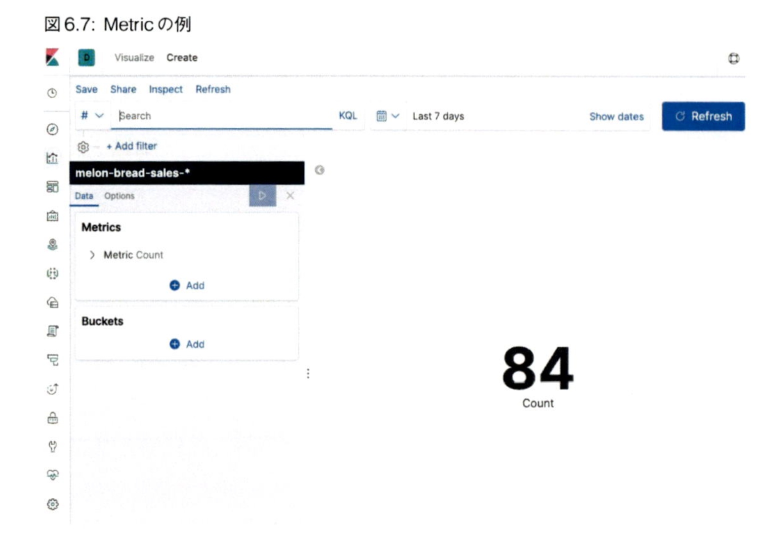

Tag cloud

指定したfield内にあるデータを自動で並べることができます。数が多いデータは文字が大きく表示され、数が少ないデータだと文字は小さくなっていきます。画面に入りきらないデータがあると自動で警告が表示されます。

図6.8: Tag cloudの例

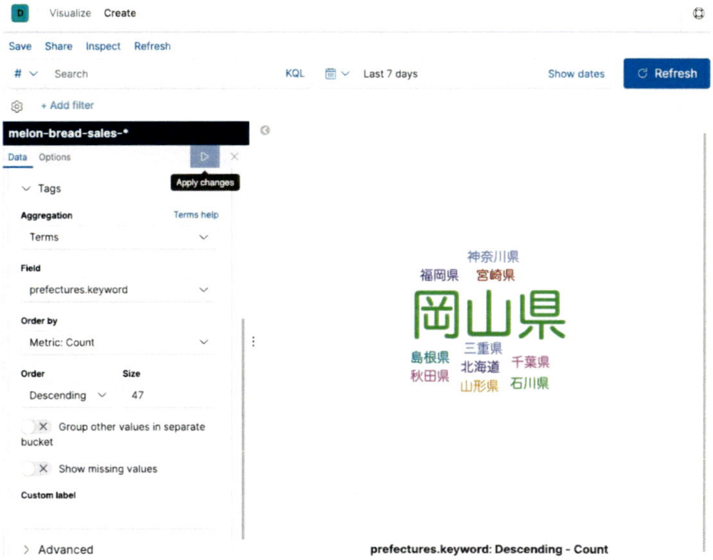

Maps（Coordinate Map）

データの送信元情報がデータなどに含まれていた場合、その情報がどこから来たのか世界地図にプロットすることが可能です。この世界地図の情報ですが、世界地図のマップ情報はElastic社のサーバーから取得しています。

Coordinate Mapを利用すると、地図の色付けは緯度・経度単位で可視化されます。場合に応じて使い分けると良いでしょう。

図6.9: Mapsの例

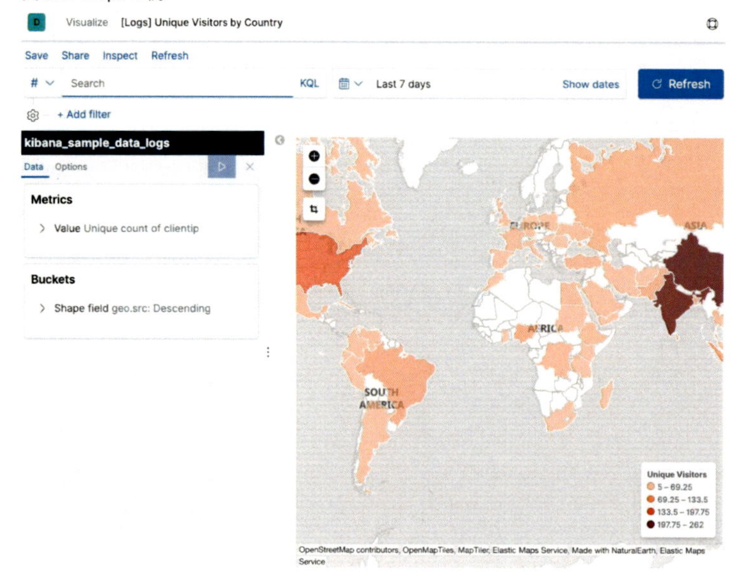

Timelion

Timelionではひとつのグラフに複数の要素を描画することができます。複数のデータを同時に比較して分析したい場合、ひとつの画面で違うデータの種類を閲覧できるTimelionを使用すると便利です。ただし、設定が難解かつ独自関数を使用しているので、初めて利用する場合はVizualizeのTSVBグラフを利用して関数の記載方法イメージを掴んでから利用すると良いでしょう。

Timelionのクエリに関する詳細は公式ドキュメント（https://www.elastic.co/guide/en/kibana/current/timelion.html）を参照してください。

図6.10: Timelionの例

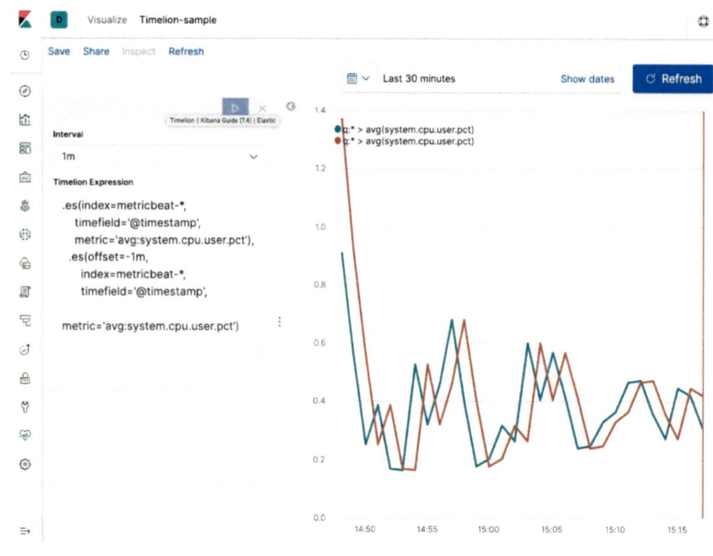

TSVB（旧：Visual Builder）

Timelionでは、Kibana独自の関数を使用してグラフを設定していく必要があります。TSVBではプルダウン選択で検索したい条件を決めることができます。また、タブを切り替えることで同じ検索条件で別のグラフを表示できます。このVisualizeはバージョン7.3までは（`Time Series`）`Visual Builder`という名称でした。

図6.11: TSVBの例

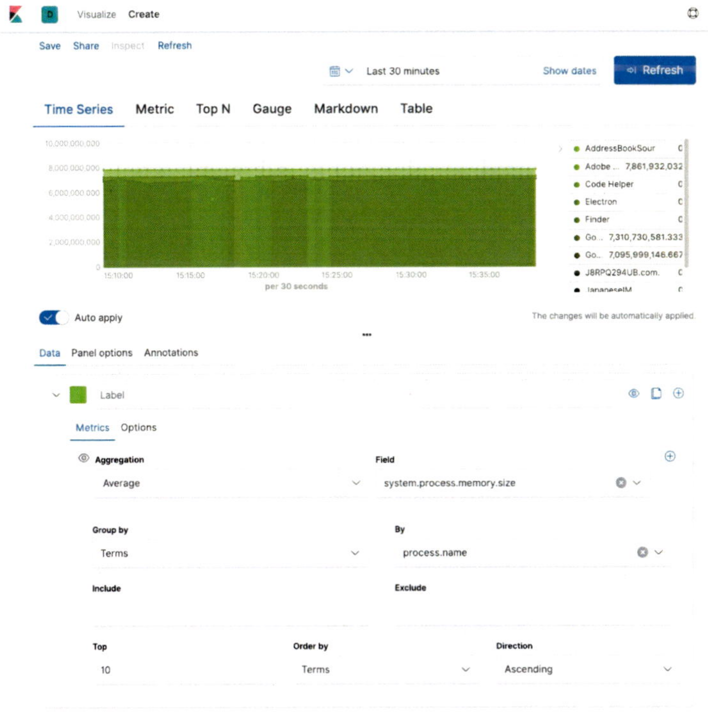

6.2　Visualize画面でグラフを作成する

グラフの種別が把握できたところで、実際にグラフを作成してみましょう。Visualizeごとに設定項目は異なるものの、作成の流れは基本的に同じです。Metricbeatで取得したメモリプロセスの情報をグラフ化することにします。

グラフの作成：Visualizeを選択する

ツールバーからVisualizeアイコンをクリックすると、Visualizeの種類を選択する画面が表示されます。

図6.12: Visualize画面の表示

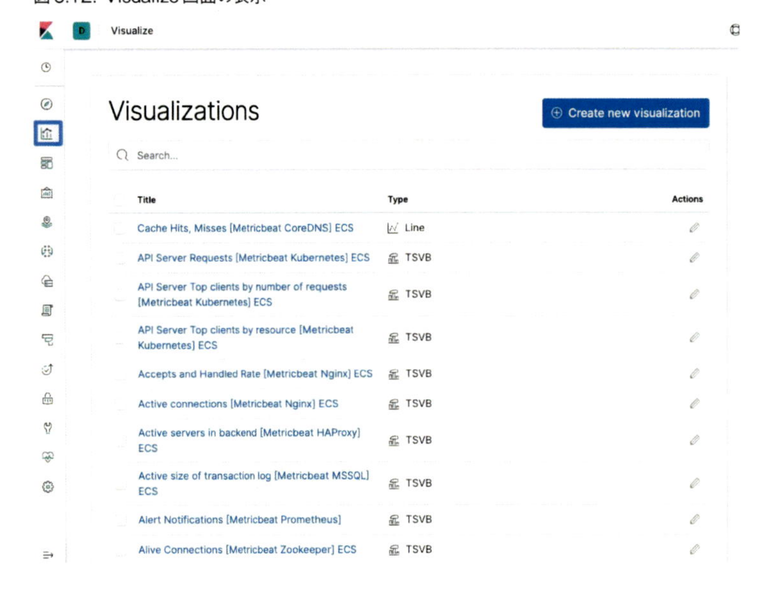

Beatsのグラフセットアップ機能やKibanaのサンプルデータをインポートする機能を使用していた場合、既にVisualizeが作成されています。Visualizeが存在する場合、Visualizeのタイトル・Visualizeの種類が一覧に表示されます。

新しくVisualize（グラフ）を作成する場合、`Create new visualization`をクリックします。

図6.13: Create new visualizationをクリックしてVisualizeを新規作成

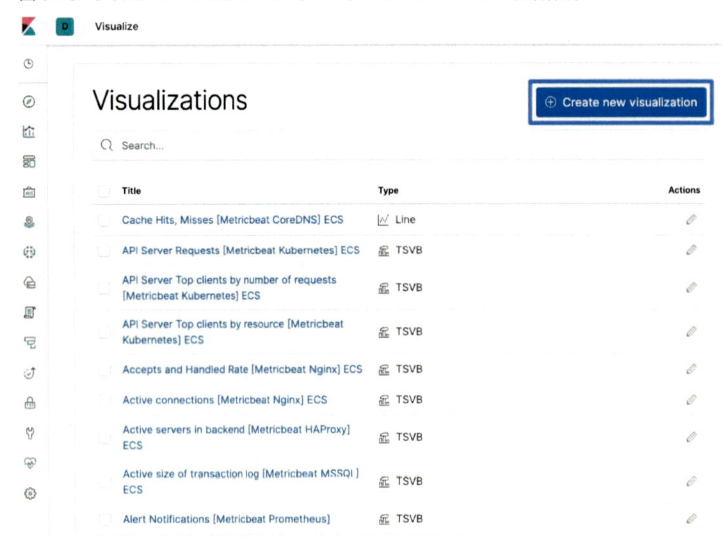

Visualizeの種類を選択するモーダルが表示されます。メモリプロセスの内訳をグラフに描画するため、`Pie`をクリックします。

図6.14: Visualize種別の選択

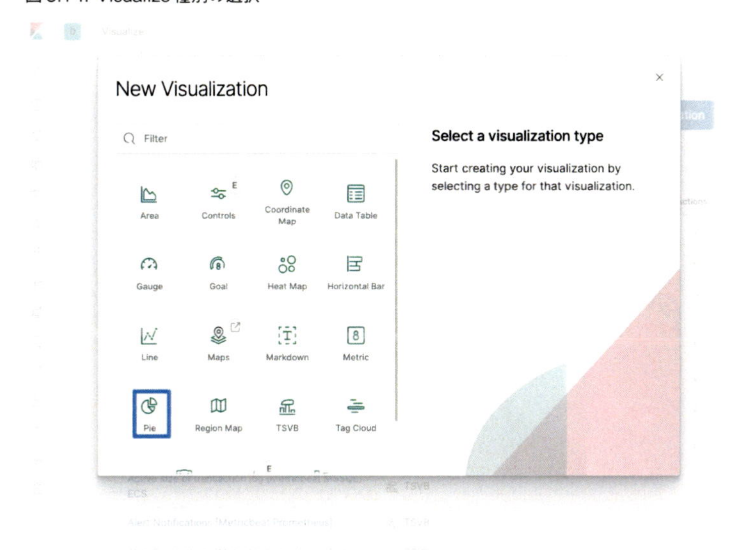

Visualize種別を選択すると、Dashboard画面で保存した検索条件や、Visualizeの描画に使用するindex名を選択する画面に遷移します。`Types`のプルダウンをクリックすると、表示する情報の種別（index名だけ表示する、など）の絞り込みができます。今回はMetricbeatで取得した情報をデータ元にするため、`metricbeat-*`を選択します。

図6.15: index名を選択する画面

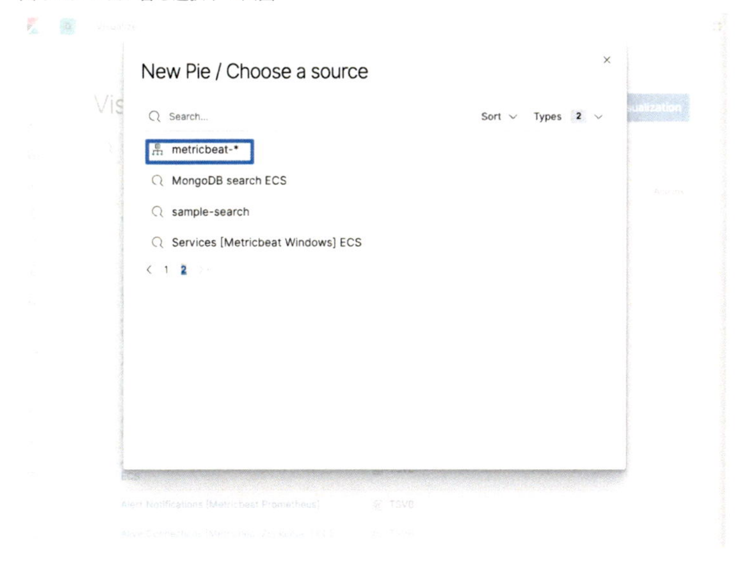

indexを選択すると、自動で円グラフが作成されます。

図6.16: index名を選択した直後の画面

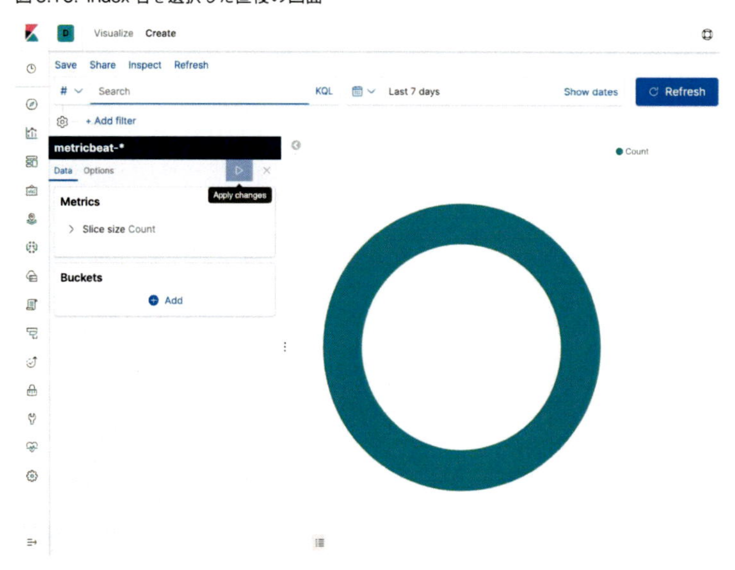

グラフを作成する：metricsの設定を行う

グラフの作成直後は円グラフの分割をどのように行うか指定されていないため、データ件数を100%とした円が表示されます。画面左側を操作することで、データの数え方やデータの内訳方法を指定できます。

マウスカーソルを円グラフに当てると、データ件数やfield名が表示されます。

図6.17: データ件数の表示

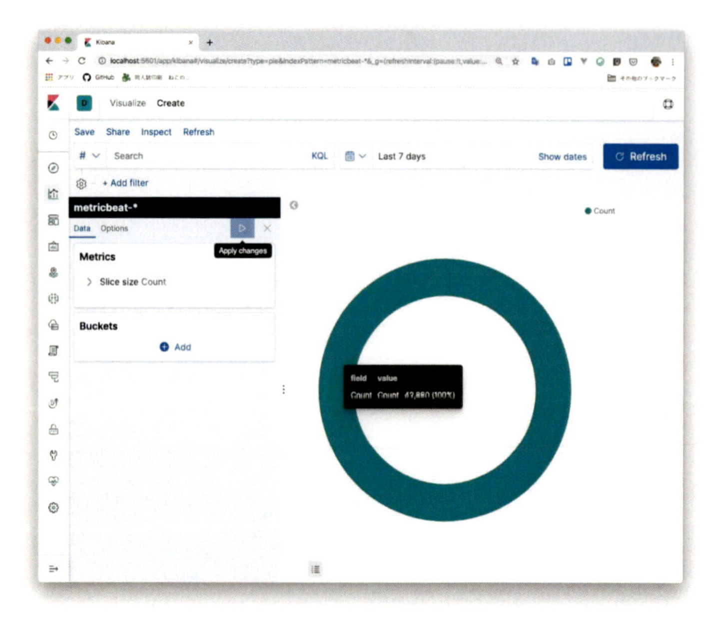

MetricsのAggregationを変更すると、グラフに表示するデータの集計方法を変更できます。デフォルトはデータ件数を意味するCountが設定されています。

例えば図6.18では、Aggregationにデータの数値を合計するSumを指定しています。Sumなどの数値を扱うAggregationを選択する場合、Fieldのデータは数値型である必要があります。

図6.18: 過去1時間のメモリ使用量の合計を表示する

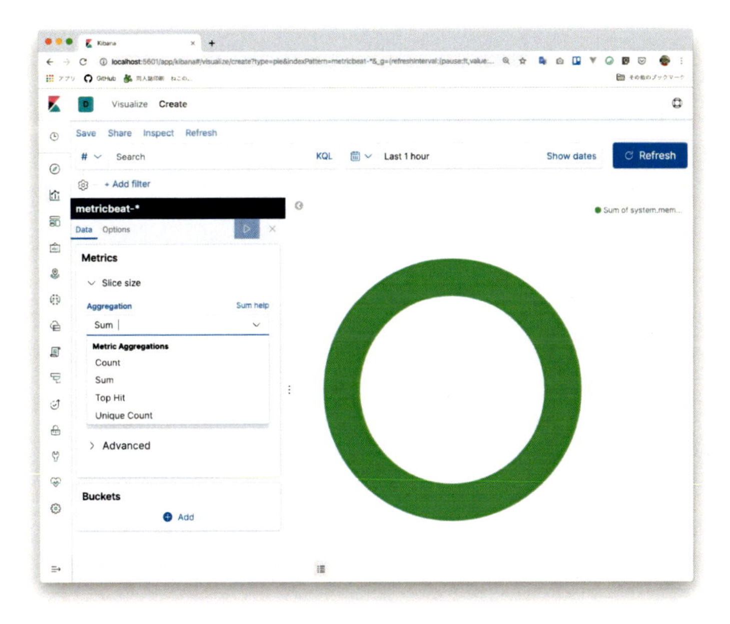

グラフを作成する：bucketsの設定を行う

このままでは「○○ごとにデータを分割して表示する」ことができません。そこで、Bucketsの指定を行い、データの内訳ごとにグラフを分割するよう変更します。

BucketsのAddボタンをクリックすると、分割方法を選択するモーダルが表示されます。

図6.19: 分割方法を選択

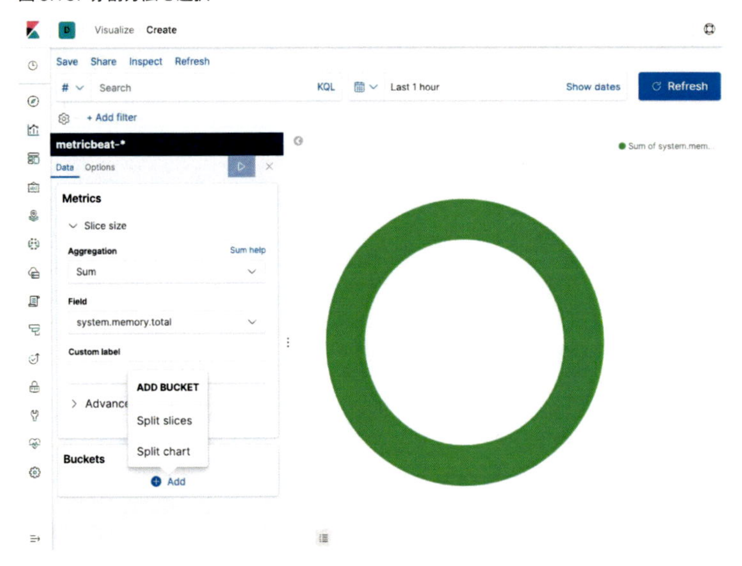

`Split Slices`はひとつの円グラフをどのように分割して表示するかを決定します。`Split Slices`は異なる条件でひとつの画面に同じ種類・同じ設定のグラフを表示します。`Split Slices`をクリックし、円グラフがサーバー上で動いているプロセス名ごとに分割されるように設定しましょう。

図6.20: Split Slicesの選択後

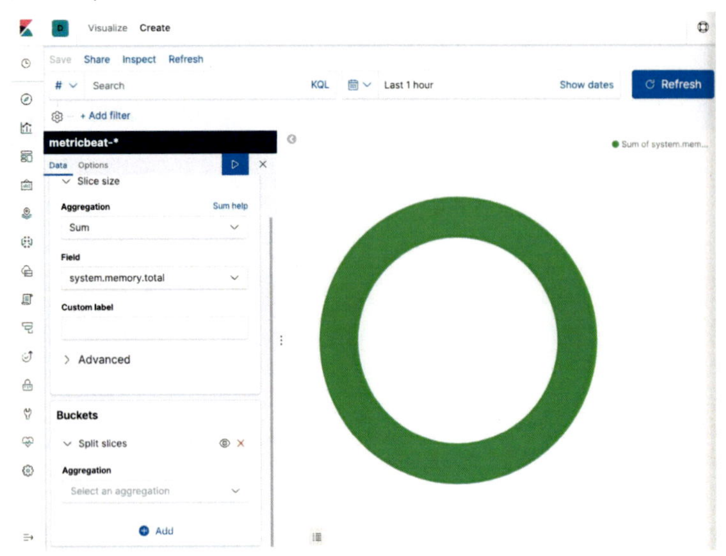

Aggregationの選択

Buckets用のAggregationsから、円グラフを分割するためのデータは何を指定するかを設定します。field名を分割対象に指定する場合、`Terms`を選択します。

図6.21: Termsの選択

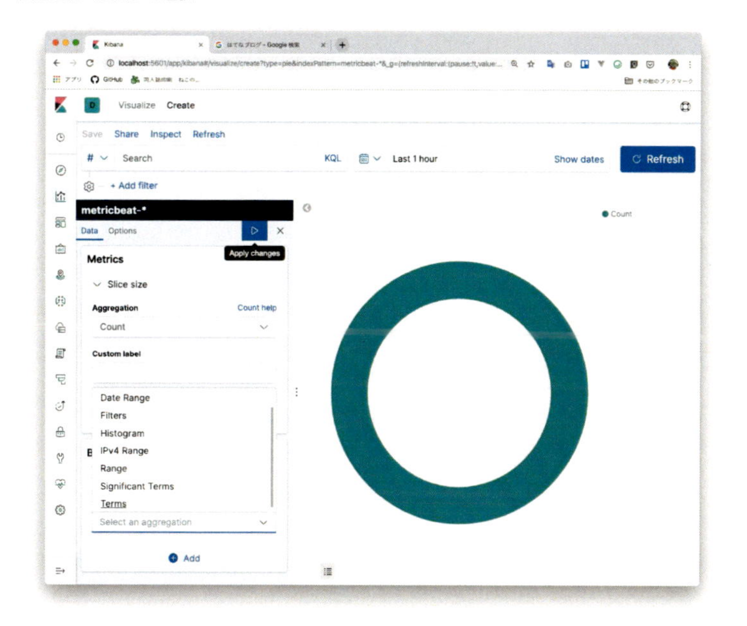

Termsを選択すると、設定項目の詳細が表示されます。`Field`にfield名を設定すると、そのfieldで円グラフが分割されます。今回はOS上で動いているプロセス数の内訳を表示するため、Fieldにプロセス名を意味する`process.name`fieldの値を指定します。

当てはまるデータが存在しない場合、画面に`No results displayed because all values equal 0.`と表示されます。検索期間などを変更すれば、再度円グラフが描画されます。

図6.22: process.nameを指定

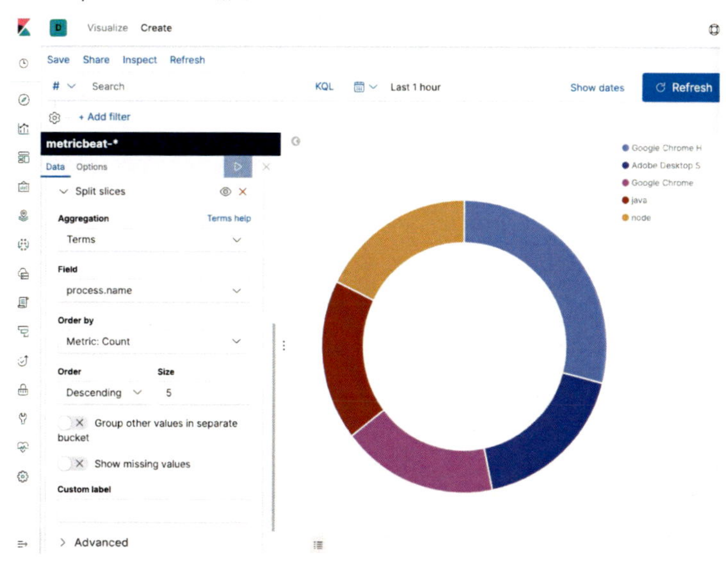

プロセス名ごとに円グラフが分割されるようになりました。

Order By

デフォルトでは条件に一致するデータの数が多いもの（上位5件）を基準に円グラフを分割しています。このOrder Byの欄を変更することで、グラフの分割数を調整できます。

Order とSize

Ascendingを選択すると、データが少ない順にSizeで指定した数のfieldの内訳が表示されます。Descendingを選択すると、データが多い順にSizeで指定した数のfieldの内訳が表示されます。指定した数を超えた場合、実際にデータが存在していてもグラフ上に表示できません。かといって大きな数を指定するとElasticsearchに負荷がかかり、性能が落ちてしまいます。必要な分だけ指定するようにしましょう。

今回はデータ件数が下位20件のプロセス名を表示することにします。この場合、Orderを`Ascending`、Sizeは`20`と設定します。

図6.23: データ件数が上位20件のプロセス名を表示

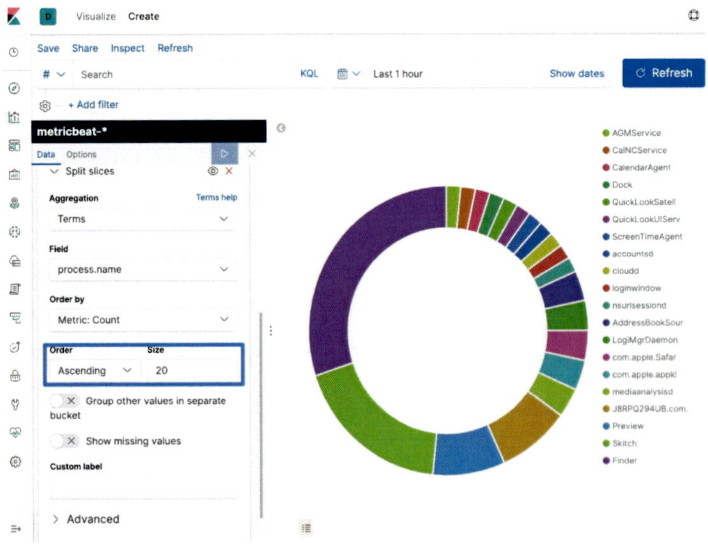

Custom Label

デフォルトではグラフにカーソルを当てると、fieldには実際のfield名が表示されます。ただし、このままではKibanaに詳しくない人がグラフを見た場合、何を示しているのかわかりづらい場合があります。

図6.24: field名が表示されている例

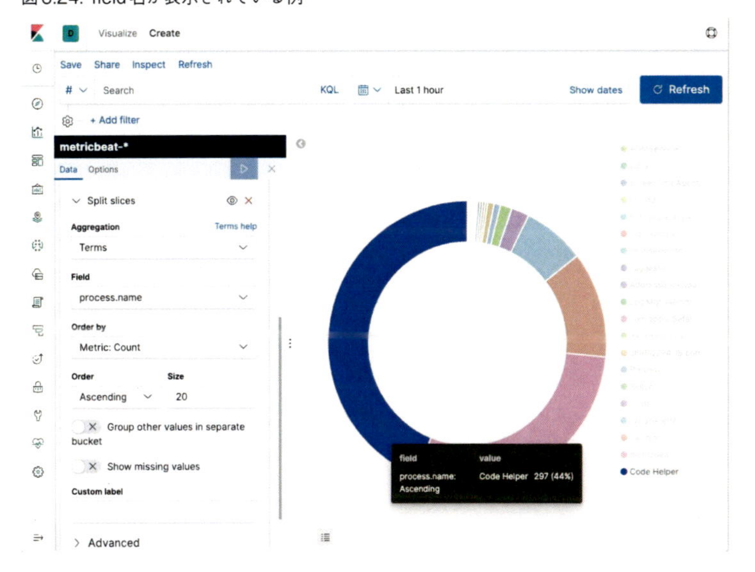

Custom Labelに任意の値を入力すると、グラフ上で表示されるfield名を任意の値に変更することができます。

図6.25: Custom Labelに「プロセス名」と表示した場合

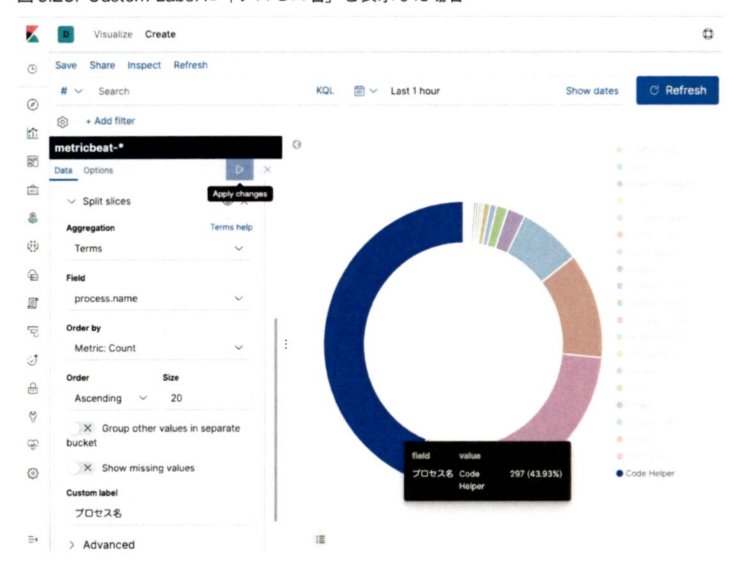

一通り設定ができた後は、Addボタンをクリックしさらに円グラフを分割する条件を追加するか、同じ画面に違う基準でふたつグラフを表示するか選ぶことができます。これ以上設定する必要がない場合、グラフのオプション設定に移ります。

グラフを作成する：Optionsを設定する

`Options`タブをクリックするとグラフの見た目を変更することができます。グラフの種類によって設定内容が変わりますが、今回はPie chartのみ取り上げます。

図6.26: Options画面

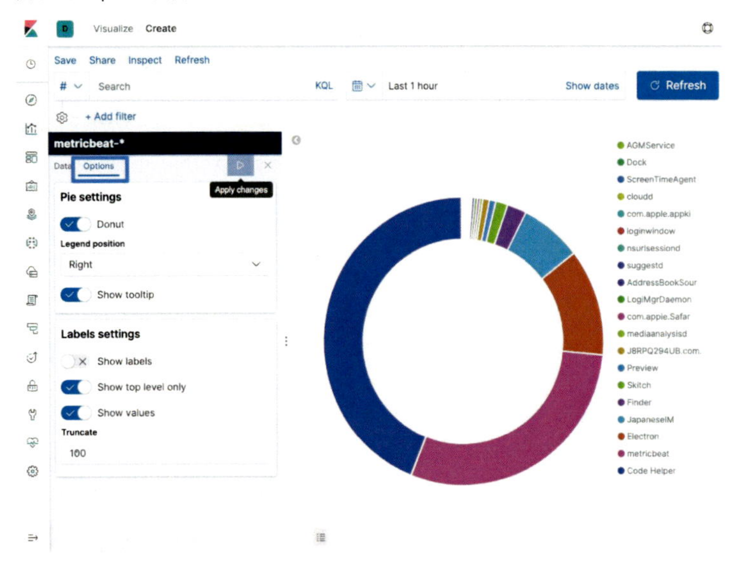

Donut

円グラフをドーナツ型にするか選択します。トグルをオンにすると円グラフがドーナツ型になります。

図6.27: トグルをオフにした場合

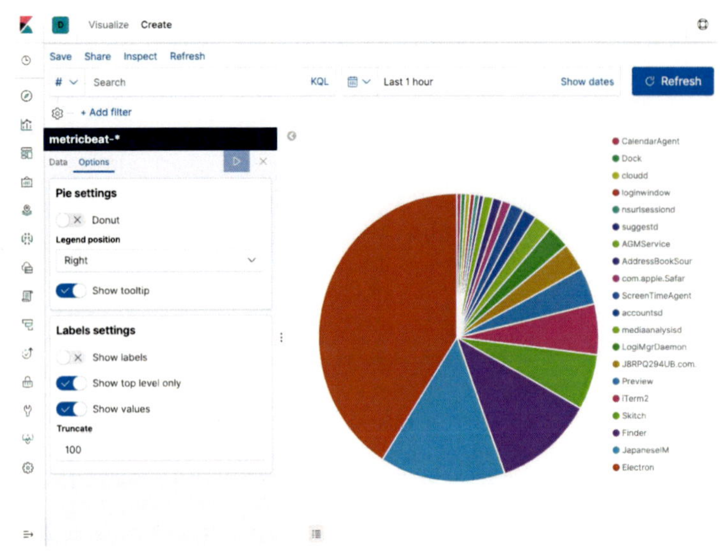

Legend Position

画面右に出ているfield名と色を示す部分をLegendといいます。このオプションを変更すると、画面のどこにLegendを表示するか指定できます。上・下・右・左から選択可能です。デフォルトでは画面の右側に表示する設定となっています。

図6.28: Legend表示を左にした場合

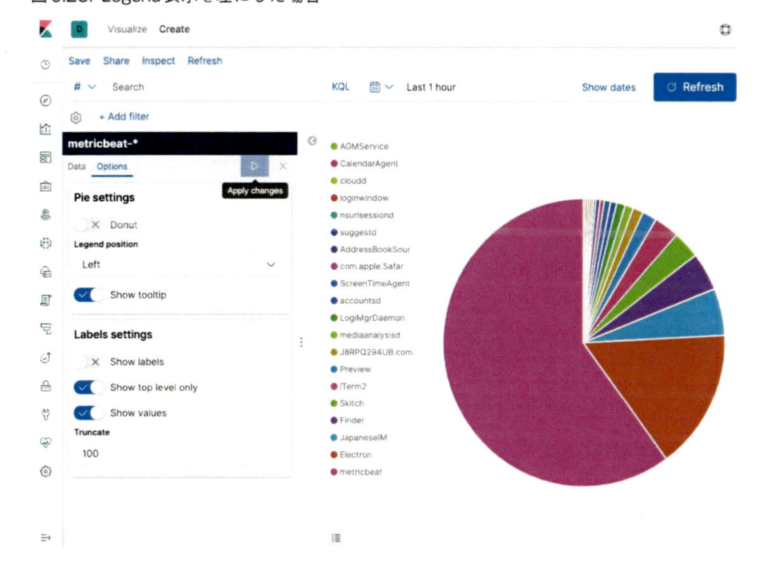

Show Tooltip

グラフにカーソルをあてたとき、データの内訳の詳細を表示するか決定できます。チェックを入れると詳細を表示しますが、外すとグラフにマウスをあてても何も表示されません。

6.3 グラフを作成する：グラフを保存する

グラフを作成後、何もせずにブラウザを閉じるとグラフの保存は行われません。再度1から作成し直しです。必要に応じてグラフを保存しましょう。まずは一度青の三角ボタンをクリックし、設定を表示されているグラフに反映します。

図6.29: 設定の反映

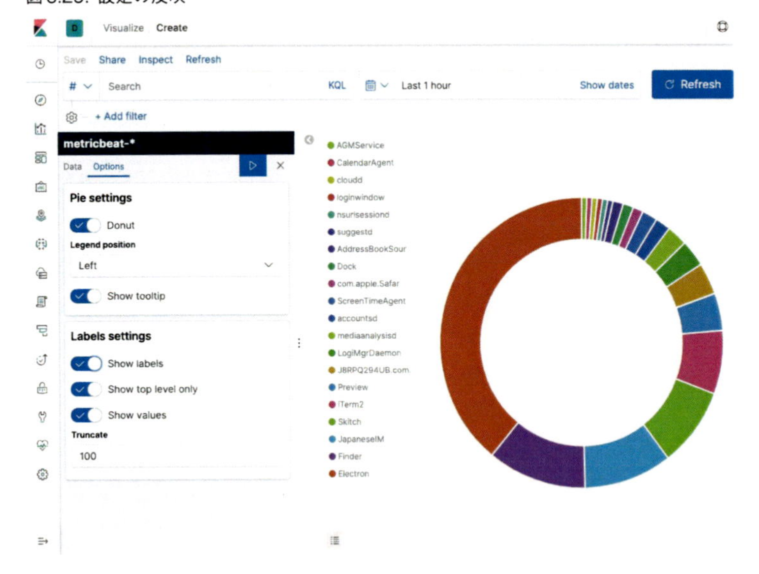

次に画面左上のSaveをクリックします。

図6.30: Saveボタン

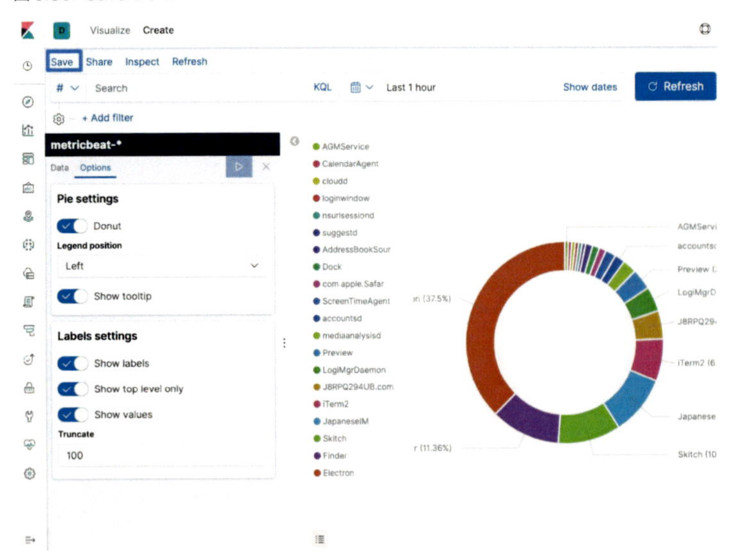

作成したグラフの名前を入力しConfirm Saveをクリックします。既に存在しているグラフの編集を行い、再度保存するときはグラフ名を変更せずにSaveボタンをクリックします。

図6.31: Saveボタン

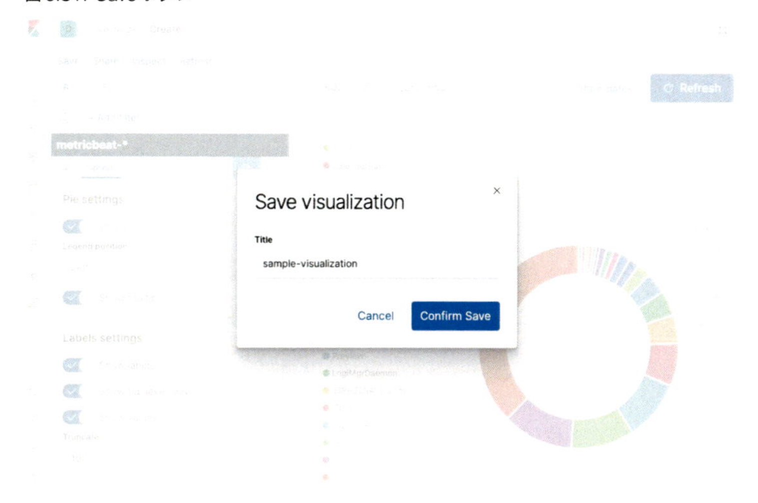

これで作成したグラフを保存できました。

グラフを作成するときに着目するべき部分

Kibanaでグラフを作成・設定する場合、今Elasticsearchにどのようなデータが保存されているのかを把握しておくことが重要になります。特に着目するべきは「どのfieldにデータが保存されているか」です。実際にグラフを作成する場合は、ディスプレイをふたつ使用しKibana画面を並べて作業することをお勧めします。ひとつ目のKibana画面でDiscover画面を開き、どのfieldに何のデータが入っているのか把握しつつ、ふたつ目のKibana画面でグラフを作成するのを筆者はおすすめします。===[/column]

第7章　Dashboard画面を使ってグラフを一覧表示する

> 「グラフを作ったのはいいけれど、1画面で1個しか表示できないのは不便だよね。まとめて閲覧することができると便利なんだけどなー」

もふもふちゃんのいう通り、Visualize画面では1度に表示できるグラフは1個だけです。作成したグラフをひとつのページで全て閲覧できれば便利ですよね。Dashboard画面はグラフをひとつにまとめる役割を持ちます。試しにひとつ作成してみましょう。

7.1　グラフを並べる

ツールバーから`Dashboard`ボタンをクリックすると、Dashboard画面が表示されます。

図7.1: Dashboard画面の表示

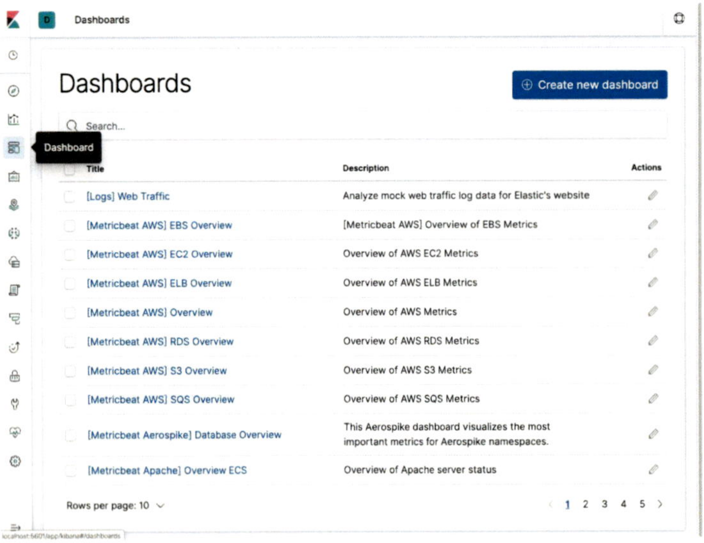

`Create new dashboard`ボタンをクリックすると、新規にDashboardを作成できます。

図7.2: Dashboardの新規作成

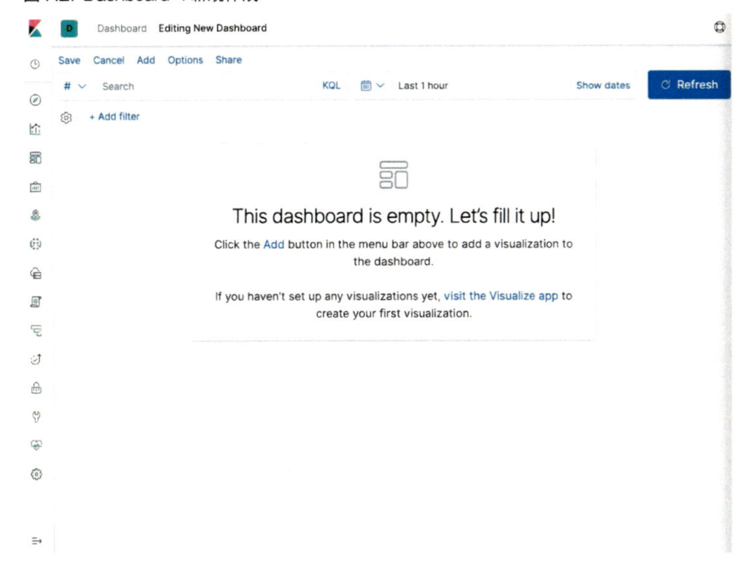

はじめは何も表示されていません。作成したグラフをDashboardに追加するため、画面上部のAddをクリックします。

図7.3: Dashboardにグラフを追加する

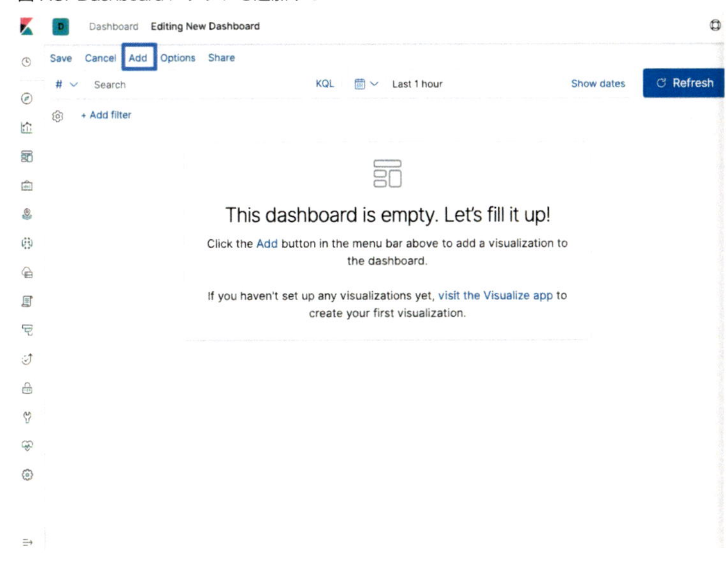

Visualize画面で作成・保存したグラフのリストが表示されます。

図 7.4: グラフの選択画面

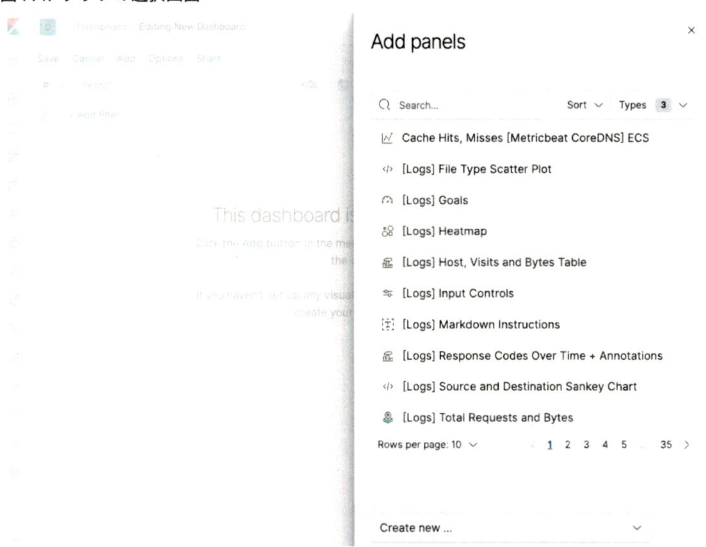

テキストボックスに名前を入力すると、保存されているグラフを検索できます。

図 7.5: グラフの検索

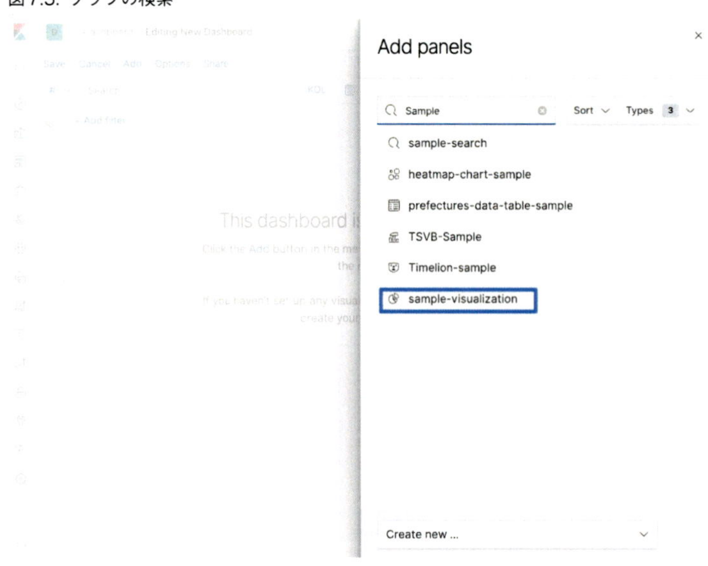

Dashboardに並べたいグラフを選択してクリックします。

図7.6: 追加するグラフを選択

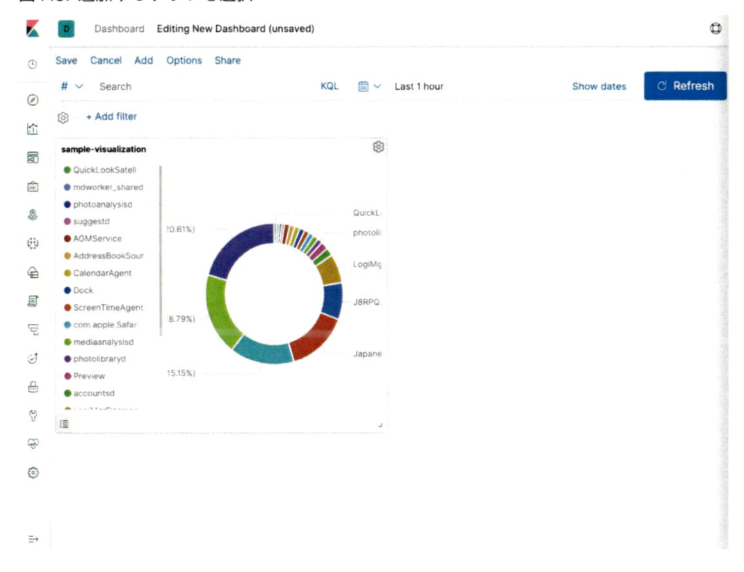

7.2　グラフの大きさを指定する

使いたいグラフを選択した後、グラフを好きな場所に配置します。ドラック&ドロップでグラフの配置を変更できます。グラフの大きさを変更したい場合、グラフ右下をクリックしたままドラック&ドロップで大きさを調整します。

図7.7: グラフの大きさを調整

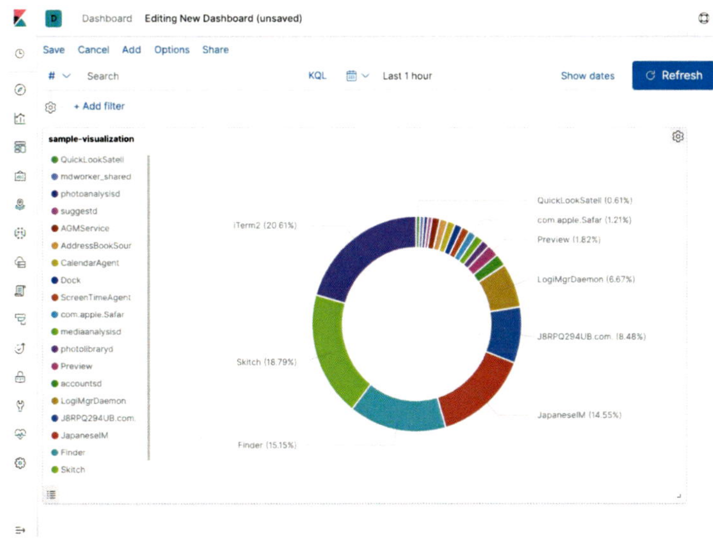

7.3 保存する（検索期間を保持する/しないを選択する）

最後に、作成したDashboardを保存します。保存画面は他と同様Saveから表示することができますが、他のグラフと違う点があります。それは「現在設定している検索期間も同時に保存するか？」という点です。`Store time with dashboard`のトグルをオフにしたまま保存すると、Dashboardを開いたときデフォルトの検索期間（15分）でデータを表示します。トグルをオンにして保存すると、Dashboard保存時の検索期間も適用した状態でDashboardを開くことができます。毎回決まった検索期間を指定するような使い方をしたい場合、トグルをオンにしておくと良いでしょう。

図7.8: Dashboardの保存

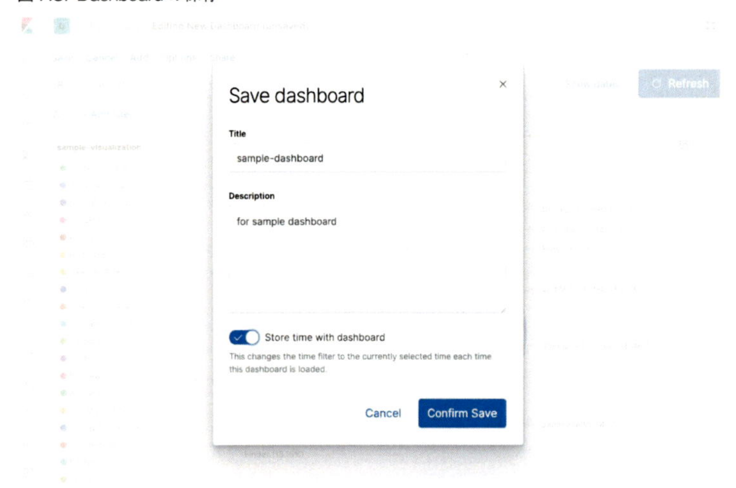

これでDashboard画面を作成することができました。

7.4 作成したDashboardを編集する

Dashboard画面を直接編集することも可能です。Dashboard画面の左上（画面キャプチャ枠線部分）から`Edit`をクリックすると、各グラフに点線が表示されます。このとき、Dashboardを新規作成するときと同じように、グラフの大きさを変更することや、グラフの配置換えをすることができます。

図 7.9: Edit mode を使用する

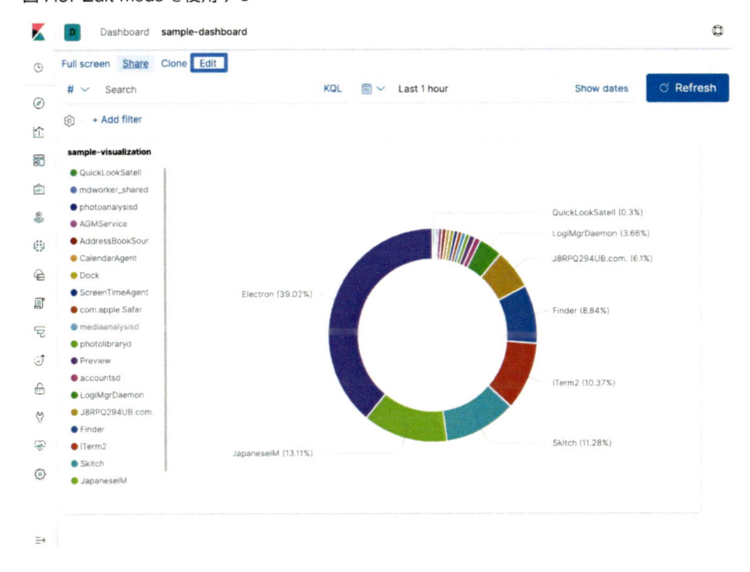

Editモードを抜ける場合、`Cancel`をクリックします。

第8章　トラブルシューティング

最後にElastic Stackを扱っていてよく遭遇するトラブルと、その解決方法をまとめて紹介します。ちなみに「特に環境構築はうまくいかないことが多いから、時間に余裕を持った方がいいかもねー」と、もふもふちゃんは言っていました。

8.1　Elasticsearchが起動しない

リスト8.1: Elasticsearchが起動しない

```
$ sudo service elasticsearch start
Starting elasticsearch: OpenJDK 64-Bit Server VM warning: INFO:
os::commit_memory(0x0000000085330000, 2060255232, 0) failed; error='Cannot
allocate memory' (errno=12)
```

このエラーが出た場合、Javaに割り当てるメモリーが不足しています。ElasticsearchはJavaで動くプロセスですが、割り当てられているメモリーの半分以下をElasticsearch用として割り当てる必要があります。例えば物理的メモリーを4GB持っているとすると、最大2GBメモリをElasticsearchに割り当てます。デフォルトの設定ではElasticsearchに2GBのメモリを割り当てる設定となっています。サーバー自体に2GBしかメモリーが搭載されていない場合、1GBしかメモリーを使うことができずエラーとなります。解決策としてメモリーを増強するか、jvm.optionsファイルで使用するメモリー量を減らす調整をするかのどちらかとなります。メモリー量を減らす場合、性能も劣化しますのでよく検討して下さい。

リスト8.2: jvm.optionsで使用するメモリーを512MBに変更（物理サーバーのメモリーが1GBの場合）

```
# Xms represents the initial size of total heap space
# Xmx represents the maximum size of total heap space


22 # -Xms2g
23 # -Xmx2g
24 -Xms512m
25 -Xmx512m
```

8.2　Elasticsearchに対してcurlコマンドを発行できない

リスト8.3: Elasticsearchに対してcurlコマンドを発行すると、Connection refusedとなる

```
$ curl -XGET '10.0.0.100:9200/?pretty'
curl: (7) Failed to connect to 10.0.0.100 port 9200: Connection refused
```

この場合、ほぼ確実にネットワーク設定が間違っています。Elasticsearchは起動しているので、ネットワークの状態をひとつずつ確認しましょう。

/etc/hosts記載が間違っていないか？

意外とありがちなのが、サーバーのIPアドレス・hostsの設定ミスです。まずは自ホストにpingコマンドを打ち、応答があるかを確認しましょう。念のため自ホスト名・自分のIPアドレス両方とも応答があるか確認しておくと良いです。

/etc/hostsでIPv6を使っていないか？

Elasticsearchは「::1 localhostのようにIPv6が有効になっていると、そちらでcurlアクセスを行います。そのため、/etc/hostsからIPv6記載をコメントアウトするか、curlコマンドを発行するとき引数に「--ipv4」オプションをつけて明示的にIPv4形式で通信する必要があります。

リスト8.4: IPv4形式を指定してcurlコマンドを発行する

```
$ curl -XGET --ipv4 '10.0.0.100:9200/?pretty'
```

通信に必要なポートは開いているか？

通信用ポートが閉じている場合、Elasticsearchにアクセスすることはできません。Kibanaはアクセスするポートとしてデフォルトで5601番ポートを使用します。またElasticsearchには9200番を使用しますが、内部的な通信は9300番ポートを利用して行います。特にAWS上で動いているサーバーの場合、セキュリティグループ設定でポートが閉じている場合があります。インバウンド設定を再度見直し、必要なポートの通信が許可されているか確認して下さい。

elasticsearch.ymlに設定した値は間違っていないか？

それでも解消しない場合、elasticsearch.ymlの`network.host`部分に設定した値が間違っていないか見直して下さい。記載ミスはありませんか？

8.3 Elasticsearchサービスをrestartしようとすると、エラーが出力される

リスト8.5: Elasticsearchをリスタートすると失敗する

```
$ sudo service elasticsearch restart
Stopping elasticsearch:                                        [FAILED]
Starting elasticsearch:                                        [  OK  ]
```

```
$ sudo service elasticsearch status
elasticsearch dead but subsys locked
```

何らかの原因により、Elasticsearchサービスを終了することができないと、このエラーが出力されます。Elasticsearchサービスを終了していない状態でelasticsearch.yml編集した場合、プロセスを管理しているファイルがロックされてしまいエラーとなるようです。コンフィグの編集はサービスを停止した後に行いましょう。エラーとなった場合、/var/lock/subsys配下にあるelasticsearchファイルを除去すれば解消することができます。アクセス権の都合上、rootユーザーで作業を実施して下さい。

リスト8.6: ロックされているElasticsearchプロセスのファイルを削除

```
# ll /var/lock/subsys |grep elasticsearch
-rw-r--r-- 1 root root 0 May 21 21:10 elasticsearch
# rm /var/lock/subsys/elasticsearch
rm: remove regular empty file 'elasticsearch' ? y
# service elasticsearch status
elasticsearch is stopped
```

8.4 Kibana画面の様子がおかしい

KibanaがElasticsearchに対して接続できていない場合、次のような画面が表示されます。

図8.1: Elasticsearchに対する接続エラー

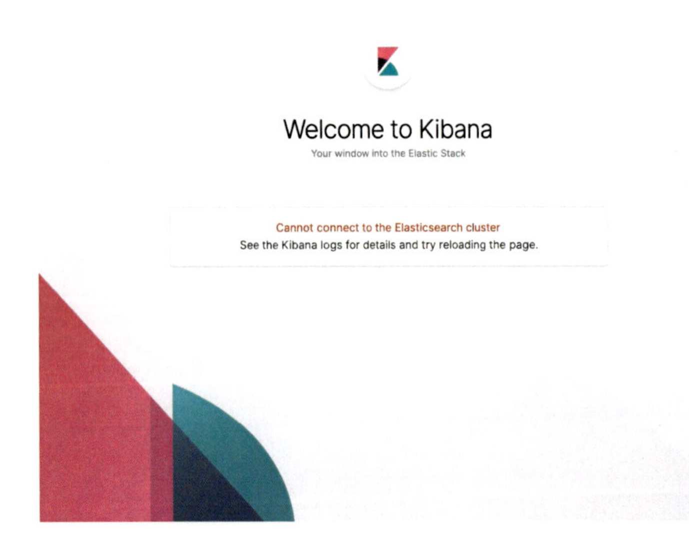

この場合、Elasticsearchが起動しているか・ネットワークに問題がないかを確認してください。Kibanaの画面が閲覧できるので、Kibana側の問題ではありません。仮にElasticsearchが起動してい

なかった場合、LogstashやBeatsもログの送付先がなくなってしまいます。するとLogstashやBeatsプロセスも停止します。

Elasticsearch復旧後、Kibanaでデータが閲覧できない場合はLogstash・Beatsの復旧を忘れていないか確認して下さい。

おわりに

> 頑張ってKibanaのDashboard画面を作ったもふもふちゃん。上司の人にはDashboardリンクとグラフの参照方法を共有したので面倒な仕事を頼まれることも減りました。
> 「いやーよかったよかった！ほとんどリアルタイムで最新情報を表示できるから、メンテナンスもちょっとでいいし楽ちんだよ！」

それはよかったですね。新しい情報をKibanaで表示したくなった場合、データの取得元を新しく指定すれば良いですよね。Beatsを使用すればサーバーリソースの使用率なども簡単に可視化することができます。さらにCuratorプラグインを使うことで、Elasticsearch内に保存されているindexを削除することができます。ディスクの容量が枯渇することを防ぐことができるので、indexの削除は実施しておいた方が安心です。

この本でとりあげたユースケースは一つの例です。みなさんの手元にあるデータとElastic Stackを組み合わせればデータ分析の可能性は無限大に広がります。データをどう料理するかはみなさん次第なのです。Elastic Stackを用いてデータ分析業務の負担が減れば、とても嬉しいです。

最後にはなりますが、本書の内容にご助言をいただいたElastic大谷純様、本当にどうもありがとうございます。また出版の機会をいただいただけでなく、校正に関してご助言をいただいたインプレスR&D山城敬様、どうもありがとうございました。この場を借りて厚く御礼申し上げます。

著者紹介

石井 葵（いしい あおい）

労働して、ゲームして、季節の変わり目毎に技術同人誌を書いて即売会に出ています。ソウルフードはチョコミントアイス、最近の日課は朝6:30からのラジオ体操です。著書に『Elastic Stackで作るBI環境　バージョン6.4対応版』『わかりやすく書ける！技術同人誌初心者のための執筆事例集』、共著に『Introduction of Elastic Stack 6』（ともにインプレスR&D刊）。

◎本書スタッフ
アートディレクター/装丁：岡田章志＋GY
編集協力：大谷 純、深水 央
デジタル編集：栗原 翔

技術の泉シリーズ・刊行によせて

技術者の知見のアウトプットである技術同人誌は、急速に認知度を高めています。インプレスR&Dは国内最大級の即売会「技術書典」（https://techbookfest.org/）で頒布された技術同人誌を底本とした商業書籍を2016年より刊行し、これらを中心とした『技術書典シリーズ』を展開してきました。2019年4月、より幅広い技術同人誌を対象とし、最新の知見を発信するために『技術の泉シリーズ』へリニューアルしました。今後は「技術書典」をはじめとした各種即売会や、勉強会・LT会などで頒布された技術同人誌を底本とした商業書籍を刊行し、技術同人誌の普及と発展に貢献することを目指します。エンジニアの"知の結晶"である技術同人誌の世界に、より多くの方が触れていただくきっかけになれば幸いです。

株式会社インプレスR&D
技術の泉シリーズ　編集長　山城 敬

●お断り

掲載したURLは2019年11月1日現在のものです。サイトの都合で変更されることがあります。また、電子版ではURLにハイパーリンクを設定していますが、端末やビューアー、リンク先のファイルタイプによっては表示されないことがあります。あらかじめご了承ください。

●本書の内容についてのお問い合わせ先

株式会社インプレスR&D　メール窓口
np-info@impress.co.jp
件名に「『本書名』問い合わせ係」と明記してお送りください。
電話やFAX、郵便でのご質問にはお答えできません。返信までには、しばらくお時間をいただく場合があります。
なお、本書の範囲を超えるご質問にはお答えしかねますので、あらかじめご了承ください。
また、本書の内容についてはNextPublishingオフィシャルWebサイトにて情報を公開しております。
https://nextpublishing.jp/

●落丁・乱丁本はお手数ですが、インプレスカスタマーセンターまでお送りください。送料弊社負担にてお取り替えさせていただきます。但し、古書店で購入されたものについてはお取り替えできません。
■読者の窓口
インプレスカスタマーセンター
〒 101-0051
東京都千代田区神田神保町一丁目 105番地
TEL 03-6837-5016／FAX 03-6837-5023
info@impress.co.jp
■書店／販売店のご注文窓口
株式会社インプレス受注センター
TEL 048-449-8040／FAX 048-449-8041

技術の泉シリーズ

Elastic Stackで作るBI環境　Ver.7.4対応改訂版

2019年11月29日　初版発行Ver.1.0（PDF版）

著　者　石井 葵
編集人　山城 敬
発行人　井芹 昌信
発　行　株式会社インプレスR&D
〒101-0051
東京都千代田区神田神保町一丁目105番地
https://nextpublishing.jp/
発　売　株式会社インプレス
〒101-0051　東京都千代田区神田神保町一丁目105番地

印刷・製本　京葉流通倉庫株式会社
Printed in Japan

ISBN978-4-8443-7834-1

NextPublishing®
●本書はNextPublishingメソッドによって発行されています。
NextPublishingメソッドは株式会社インプレスR&Dが開発した、電子書籍と印刷書籍を同時発行できるデジタルファースト型の新出版方式です。 https://nextpublishing.jp/